国际信息工程先进技术译丛

绿 色 网 络

（法）Francine Krief　编著

赵军辉　艾渤　孙韶辉　徐晓东　译

机械工业出版社

本书深入浅出地介绍了绿色网络方面的内容，包括绿色网络的概念、模型、技术和协议。全书共分为9章，分别讨论了网络基础设施的环境影响、绿色有线网络、绿色移动网络、绿色网络技术、认知无线电网络、自主绿色网络、绿色终端，并结合实际对绿色网络在工业领域中的应用进行了探索分析。本书概念明确、思路清晰、全面实用，可以使读者能够在较短时间内掌握绿色网络的知识体系。本书包含了大量最新的参考文献，呈现了绿色网络领域的最新进展，是该领域学生、研究者、工程师们的最佳参考资料。

Green Networking/By Francine Krief. ISBN：978-1-119-99321-6

Copyright© ISTE Ltd 2012

All Rights Reserved. This translation published license. Authorised translation from the English language edition published by John Wiley & Sons Limited. No part of this book may be reproduced in any form without the written permission of the original copyright holder.

本书原版由 Wiley 公司出版，并经授权翻译出版，版权所有，侵权必究。本书中文简体翻译出版授权机械工业出版社独家出版，未经出版者书面许可，不得以任何方式复制或发行本书的任何部分。

本书封面贴有 Wiley 公司的防伪标签，无标签者不得销售。

图字 01-2013-2591

图书在版编目（CIP）数据

绿色网络/（法）克里芙编著；赵军辉等译 . —北京：机械工业出版社，2013.9
（国际信息工程先进技术译丛）
书名原文：Green Networking
ISBN 978-7-111-43139-8

Ⅰ.①绿… Ⅱ.①克…②赵… Ⅲ.①互联网络-基本知识 Ⅳ.①TP393.4

中国版本图书馆 CIP 数据核字（2013）第 145859 号

机械工业出版社（北京市百万庄大街22号 邮政编码100037）
策划编辑：朱 林 责任编辑：朱 林 版式设计：霍永明
责任校对：佟瑞鑫 封面设计：赵颖喆 责任印制：乔 宇
北京铭成印刷有限公司印刷
2013 年 8 月第 1 版第 1 次印刷
169mm×239mm・10 印张・199 千字
标准书号：ISBN 978-7-111-43139-8
定价：48.00 元

凡购本书，如有缺页、倒页、脱页，由本社发行部调换
电话服务　　　　　　　　　　网络服务
社服务中心：（010）88361066　教材网：http：//www.cmpedu.com
销售一部：（010）68326294　机工官网：http：//www.cmpbook.com
销售二部：（010）88379649　机工官博：http：//weibo.com/cmp1952
读者购书热线：（010）88379203　**封面无防伪标均为盗版**

译 者 序

近年来地球面临的环境问题愈发严峻，节能、降耗、减排已成为大势所趋。虽然与其他行业相比，通信业的能耗并不是最严重的，但这并不意味着通信行业就能对此无动于衷。通信网络的正常工作需要大量的通信设备，比如基站、终端设备、传输线路、动力系统和机房等，其数量随着网络规模的扩大而成倍增加，其能耗问题将变得越来越严重。

因此，在能源日益紧缺的今天，如何节能减排、降低能耗成为通信行业的研究热点。将环境共生与可持续发展的思想理念融入到通信网络中，就产生了"绿色网络"这一概念。这一概念的本质就是"以人为本"，在绿色环保生态的基础上追求高品质的通信环境，是一种在整个通信产业链中综合考虑环境影响和资源利用的现代化产业模式。

本书阐述的重点是当前绿色网络领域的关键技术、应用工具、处理算法等。主要包括绿色节能网络(绿色有线网络、绿色移动网络)，自适应网络(认知无线电网络、绿色自主网络)，绿色终端以及绿色网络在工业应用中的研究(智慧城市等)。这种简明的编排方式，既有利于读者全面掌握绿色网络领域的相关知识，也有助于读者清晰地把握绿色网络/绿色通信未来的发展趋势。

翻译本书的目的就是通过介绍绿色网络领域的最新研究成果以及未来发展方向以引导我国读者了解并深入研究此领域方面的知识。全书概念清晰、内容丰富、层次简明，既涉及一定的理论基础，又提供了很多最新的工程技术知识，对广大的研究者和工程师们具有很好的参考价值。

在本书的翻译过程中，北京交通大学赵军辉副教授负责前言和第1~5章的翻译以及全书的统稿工作，北京交通大学艾渤教授负责第6、7章的翻译，大唐移动无线创新技术中心总工孙韶辉博士负责第8章的翻译，中国移动通信研究院的徐晓东博士负责第9章的翻译。北京交通大学钟章队教授对书稿进行了校对。同时为本书提供翻译帮助的还有刘旭、曾龙基、杨涛、杜家娇、潘思悦、张浩、王娇、付雷、芮静，在此一并表示感谢！

本书的翻译得到了国家自然科学基金(61172073)、中央高校基本科研业务费专项资金(北京交通大学,2013JBZ001)、教育部新世纪优秀人才支持计划(NCET-12-0766)和轨道交通控制与安全国家重点实验室(北京交通大学)自主研究课题(RCS2011ZT003)的资助。此外,由于译者水平有限,加之时间仓促,译文中难免存在不妥之处,敬请读者不吝指正。

赵军辉
北京交通大学

作者中文版序

本书着眼于绿色网络这一新的研究范式，这是当前网络领域的工程师、学者、研究员和工业界人士等的重要研究课题。事实上，由于能源成本不断增加，减少全球 CO_2 排放量以保护环境的需求不断增强，减轻通信基础设施对环境的影响至关重要。

本书介绍了绿色网络领域的最新研究进展以及未来发展方向，包括绿色节能网络(绿色有线网络、绿色无线网络、绿色移动网络)、自适应网络(认知无线电网络、绿色自主网络)，以及绿色终端和绿色网络在工业应用中的探索(智慧城市等)。

二十多位从事绿色网络领域的研究员和工程师们参与了该书的编写工作，该书的首次出版是以英文和法文形式。现在该书已译为中文，显示了绿色网络这一研究领域的影响力。我非常感谢机械工业出版社将该书引入中国，并很荣幸地被译成中文。最后，对于赵军辉博士的辛勤工作，我致以深深的谢意。

弗朗辛·克里芙

波尔多综合理工学院

于法国

前　　言

在人类的生活中信息与通信技术（Information and Communication Technology，ICT）逐渐变得无处不在，人们对 ICT 的直观印象则基本是其对生产力与人类福祉的巨大贡献。然而随着降低二氧化碳（CO_2）排放量以保护环境的需求逐渐增大，能源成本的持续增高，ICT 技术中的碳足迹（能源消耗）成为焦点问题。今天，ICT 的能耗大概占据全球 2% 的温室气体排放量（等同于全球民航业的排放量）；在重工业发达的国家中，这一数据则高达 10%。此外，ICT 能耗正以每年 15% ~ 20% 的速度增长。大量新的 ICT 应用，如 HDTV（高清电视）、无处不在的网络覆盖、3G/3G + 流量的增加、即将到来的 4G/LTE 网络，都暗示了 ICT 的能耗在短期内是不可能下降的。

然而以目前的情况看来，能量使用效率远没有达到最优化。通信网络通常是庞大而复杂的，而且存在相当的设计冗余。即使系统未处于高负荷状态或者根本没有工作时，大量的网络设施仍消耗了相当的能量，比如说蜂窝网络中基站在某些空闲时段消耗的能量。

绿色网络是一个新萌生的理念。这一概念包含了所有用来减少 ICT 过程中温室气体排放的方法和措施。

本书的目的旨在概述所有用来提高网络能量效率和限制碳足迹的机制与方法。其中的有些方案已经得到应用——尤其是在移动网络中；其他的则需要进一步研究。最后，本书提出了一些对未来研究与可行方向的建议。

本书是最早讨论绿色网络领域研究现状与进展的著作之一，共包括三大部分，9 章内容。

第 1 章介绍 ICT 电力节能中的问题，尤其是电信基础设施的节能。因为它们的 CO_2 排放量正愈加增大。

接下来的部分（第 2 ~ 4 章）探讨了通信网络中的能量效率，其中每一章分别介绍一种特定的技术。它们共同组成了本书的第一部分，称为"迈向绿色网络"。

第 2 章研究了有线网络中的能耗增益。有线网络是指网络已设计完成并且基础设施固定。这些通信网络常常是庞大复杂并且高冗余的。因此，在其上节能的潜力是巨大的。这一章给出了多种优化能耗的策略——特别是高效节能的绿色路由策略。有线通信链路的能耗模型相对容易，而无线网络则不是如此，因为射频信号的处理是十分耗能的。此外在电信行业各种各样的主体中，移动网络运营商是如今主要的能量消耗者。

　　第 3 章 讨论了移动网络的环境影响与减少它们能耗的必要性。鉴于无线接入网络是最耗能的,本章主要讨论了用来减少无线接入网络能耗的方法。接着引出另外两项用来减少温室气体排放的优化利器:第一个着眼于移动网络的工程建设方面;第二个则与移动网络的组件和架构有关。

　　第 4 章 首先引入了 Internet 存储器数据中心的能耗量,并强调了数据中心的计算能力和使用量。然后关注低能耗接入网络,可以看到两个节能的解决方案:毫微微蜂窝基站和网格网络。最后,本章强调了虚拟化技术,该技术有利于达到更好的网络复用,减少不必要的硬件资源需求。

　　接下来 3 章的主要内容是提高网络效益。它们组成了本书的第二部分,名为"迈向智能绿色网络和可持续终端"。随着新科技带来成倍的用户增加,收益也会更大。

　　第 5 章 讨论了用于应对无线频谱资源匮乏的新生无线通信概念——认知无线电网络。由于其灵活性和能够自适应调整通信参数,认知无线电技术可以使无线设备更加节能。本章提出了几项未来可能的研究方向。

　　第 6 章 将自主网络的概念应用于绿色网络。这样虽然外界条件是变化的,但绿色网络具有了自组织和自适应的高效操作。首先,引入 4 个自主功能:自我配置、自我优化、自我保护和自我修复。随后分别描述和举例它们对绿色网络的贡献,并举出了两个特定的例子:能量受限的无线传感器网络和有助于减少温室气体排放的智能电网。

　　第 7 章 研究了通信终端生命周期对环境的影响。这种影响,虽然远比其他工业影响小,但考虑到移动电话与智能手机的高换代率,它们导致的资源浪费是无法忽视的。此外,未来必将是一个更加环境友好的数字社会,我们必须减少电子产品带来的环境影响,因为电子产品将在未来社会中占据重要位置。如果产品的生命期延长,那么这种负面影响将大大减小。本章提出了一个有趣的改善途径:设计一种可以重置的硬件系统以此来延长它们的生命期。如今,幸而有回收率较高的可重置硬件电路的发明,这一方法变得简单易行。

　　本书的最后一部分名为"绿色网络工业应用的研究项目",主要包括两章。前一章由电信运营商撰写,后二章由一个专精于 ITC 产品与系统的团队撰写。

　　在与全球变暖的斗争中,移动运营商一直在寻找降低他们设备能耗的办法。当然,能耗的减少必须以不影响 QoS 为基本前提。

　　第 8 章 描述了关于基站睡眠模式机制的研究项目,以及此时基站对整个移动网络能耗的影响。这是能够显著减少能耗的方法之一。在通信网络的发展过程中,睡眠模式应用广泛。如传统的蜂窝网络和由小区组成的异构网络。睡眠模式能在某些情况下获得显著的能效增益,但对 QoS 会有一定的影响。

　　智慧城市可以看做是绿色网络在工业中的实际应用。

　　第9章提出了智慧城市的概念，这一概念要求研发新一代具有强烈绿色环保意识的城市基础设施。未来，大量的设备将会相互连接——传感器、触发器、摄像机、基站、数据中心、指挥中心、用户智能终端等。这些设备必须使用高效节能技术。这一章概述了有助于减少设备能耗的不同策略：低功耗通信协议、无线传感器网络、低能耗处理器、传感器网络在节能政策制定中的应用。本章以一个使用这些方案来达到能源管理的实例结尾。

　　有关绿色网络的问题是如今网络研究的核心问题，也是我们亟待解决的问题。我们仍需要做大量的工作以减少协议、通信网络和网络设备的能耗，同时不影响 QoS。

　　碳足迹将是 ICT 研究与开发工程师持续关注的焦点。通过限制不合理的能耗行为，优化我们住房与城市的能量使用效率，ICT 在节能的同时对全球 CO_2 的减排做出了贡献。

目　　录

第1章 网络基础设施的环境影响

1.1 引言

在过去的 10 年中,对于 ICT 成本的讨论已经愈演愈烈。这些讨论是由一系列问题引发的:生态、经济、政治和社会议题等。为减少 ICT 的碳排放,降低其增长速度,"绿色 IT"的概念应运而生。

ICT 的环境代价是一个热点问题,因为其争议性很大。值得注意的是 ICT 占用了全世界 10%的电力以及 2%的能耗,且这种趋势在加重。这种估计是保守的,预计 ICT 能耗在未来 10 年内将以 10%的年增长率增长[EPA 07]。在法国,每年 ICT 的能耗大概在 55~60TW·h,相当于终端应用 13.5%的能耗[TIC 08]。从经济角度来看,在法国,每 1kW·h 电力是 0.10 法郎,相当于每年花费 90 万法郎。而这些数据还只是直接耗电量,生产、运输和产品回收等消耗并没有计算在内。

如 GeSI(全球电子可持续发展协会)指出(见图 1.1),这种持续性增长的势头是如此旺盛以至于到 2020 年 ICT 将会排放 1.43Gt 的 CO_2,这包括设备运转碳排放量 1.08Gt,设备生产、运输和回收碳排放量 0.35Gt。这将占到全球碳排放总量的 2.7%[GES]。

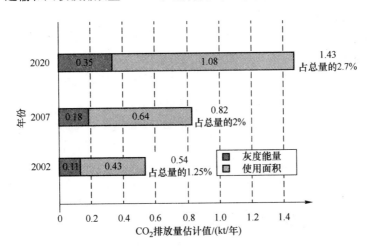

图 1.1 ICT 产业 CO_2 排放量变化趋势:2002~2020 年[GESI]

建设可持续发展的 ICT 产业对人类而言非常重要。看似 ICT 问题与人们日常生活中减少 CO_2 排放,能量消耗等并没有什么关联。但是每一次因特网连接,每一次社交网络使用，每一次搜索引擎服务和每一次视频浏览都是有代价的——人们认识到这种代价是有益的，即为了减少以后的代价。因此使用 ICT 服务的人们是有责任的，而且必须成为未来改变的积极参与者。

在如今社会每天必不可少的强大工具和服务的背后，运行着庞大的负责处理和通信的基础设施：因特网和社交网络的跨国家跨平台服务、银行等系统分布着上百万个数据中心，很多时候它们构建成"云"；我们的通信网络包括有线技术和无线技术（光纤、铜线、卫星、Wi-Fi 和 GSM），文字、图像、视频不断涌向通信信道，其本质就是大量信息比特。如果因特网流量保持 60% 的年增长率，这其中大部分增长来源于娱乐活动（线上游戏、更高分辨率的音频/视频点播等），那么到 2025 年全球范围内将会有超过 400Tbit 的流量流动。

网络运营商是电子行业中最耗电的主体之一。在 2011 年，意大利电信（TEL）估计它的电力消耗占意大利总电力消耗的 1%（2008 年占 0.7%）。类似地，英国电信估算英国的网络运营商能耗占到 0.7%（2.3TW·h），和日本 NTT 宣布的比例相似。这些数字包括了所有消耗电力的地方——从总部到网络基础设施以及配套的数据中心。其中 65% 的电力被网络消耗（座机和移动电话），而数据中心消耗了 10%。然而，这些数据并没有包含终端设备的电力消耗。在法国，一个由 IDATE（IDA）开展的研究结果表明电信部门消耗的电力在 2012 年为 8.5TW·h（2008 年为 6.7TW·h）。这些消耗主要分布在基础设施（有线和无线网络：46%）、家庭用户 ADSL（24%）、有线及无线终端（18%）。请注意在 2012 年法国所有家庭用户总耗能量约是 3.3TW·h。

由通信网络产生的 CO_2 排放量正持续增长，如 GESI 的研究结果（见图 1.2）。宽带网络的影响开始增长（从 3% ~ 14%），移动网络虽然百分比增加相对较少（从 43% ~ 51%），但是其绝对排放量翻了一番，而外围基础设施则从 12% 增长到 20%。只有窄带网络未来的碳排放量预期会减少，这将为其他类型的网络减轻压力。IDATE 指出，欧洲的每个移动手机用户要对每年 17kg 的 CO_2 排放量负责，而座机和网络用户则需要对 44kg 的 CO_2 排放量负责。

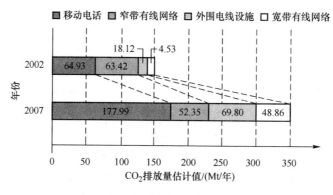

图 1.2　网络 CO_2 排放量

1.2　定义与度量

能量消耗的计算是时间(以 s 为单位)乘以瞬时功率(以 W 为单位)。能量的表示方式是 $W \cdot s$ 或者 $J(1J = 1W \cdot s)$。从这个定义可以看出,减少能耗的方法是要么减少耗能时间(更快的运行速度),要么降低功率(提高部件的效率以及增加它们的用途)。

我们认为 ICT 设施(服务器、存储器、网络等)的耗能形式有两种:

——静态耗能:即仪器闲置时的能量消耗(如一个未进行数据传输的路由器、一个没有进行任何服务的服务器等)。

——动态耗能:机器运行时消耗的能量。

ICT 的基础设施由两部分组成:硬件与软件。因此当我们研究它们对环境的影响时,两方面都进行研究是必要的。进行测量、计算、分析时,有时需要分别考虑这两方面,而有时联合考虑则更方便。

为了比较软件和硬件基础设备,我们必须定义某种"尺度"—— 一个通用的对比度量标准:能耗便是这样的一个度量,但是它还不够明确细致。显然,我们必须考虑研究对象的特性,比如它是计算设施还是通信设施。

虽然已经提出了很多度量标准,但其仍在发展,这表明关于此项的研究仍处于婴儿期。

这里,我们将介绍几个已经提出的度量,但并不穷举。

——Flops/W:表示最高功率(1Flops = 1 次浮点运算/s),用每秒的浮点运算数表示。这种度量方法测量了机器的最大功率,对超级电脑和高性能计算很有用,如Green500 系列[GRE a]。

——J/bit:表示处理每 bit 信息量所需的能量。这种度量方法可用于计算、存储和通信方面。因此,在网络设备中我们可以分别弄清楚每个部件处理和传输 1bit 信息所需要的能量。

——PUE(能量使用效率):代表了计算和信息处理设备的能效。这是注入数据中心的能量和机器使用能量的比值(这样排除了能量损耗、散热等因素)。现代数据中心的 PUE 在 1.1 ~ 2 之间。这种度量方法在测量机器功率时包括了计算、存储和通信各个模块的影响。

——CUE(碳使用效率):指 CO_2 排放量的影响。与前面的度量方法相比,CUE考虑了数据中心使用能量的类型。该度量以每 $kW \cdot h$ 多少 CO_2(单位:kg)来计算。CUE 与其他几项度量不同,因为它考虑的是环境影响而不是电力消耗。类似地,如 WUE(水使用效率)和 ERE(能量复用效率)的度量方法让我们能够在环境方面对设备进行比较。请注意,直到现在,还没有度量方法综合考虑了设备的生产与回收。PUE、CUE、ERE 等度量是由 Green Grid 集团提出的[GRE b]。

在接下来的内容中，我们重点讨论互联网络上的基础设备。因此，我们常用的度量主要与能源本身以及信息比特的能量函数有关。

1.3 有线网络节点能耗状态

评估互联网络的能量消耗可不是一件轻松的事，我们必须协调一系列对网络中活动设备的瞬时功率的测量。测量这些功率就是一个挑战，测量的质量、准确性和测量频率取决于使用的测量仪器。然而，由一个外部测量仪器测得的整个设备的功率和分别测量各个模块测得的功率，有着不同的精度和质量。这两种测量方法在已有文献中都得到了探讨。

一个更难测量的任务是测量某次通信的能耗，因为我们必须考虑到很多设备能够同时处理多个数据流，资源分配影响到了能耗状态。

有关网络的能量消耗的研究比较少。在 2008 年，Asami 等人[ASA 08]以日本为对象，研究表明即使使用低能耗电子设备，2030 年时 IP 路由的能量消耗也将超过日本的电力生产总量。

在 2010 年，Zhang 等人[ZHA 10]研究了光纤网络。以 2009 年的数据作为基础，作者估计到 2017 年光纤网络的能量消耗将会增长 120%。

Bolla 等人[BOL 10]估计了意大利的有线网络在 2015 年~2020 年之间的能耗。结果如表 1.1 所示，17，500，000 家庭网络用户耗能占到了总能耗的 79%（1,947GW·h/年）。这项基本研究清晰地展示了最需要学术研究和培养节能意识的地方。

表 1.1　不同类型网络的能耗百分比

	每台机器的耗能/W	机器数量	占总耗能百分比（%）
家庭	10	17，500，000	79
存取网络	1，280	27，344	15
地铁/交通运输	6，000	1，750	<5
核心网	10，000	175	<1

在 2008 年，Tucker 等人[TUC 08]计算了不同通信量级别下（Mbit/s，Gbit/s，Tbit/s）IP 路由的能耗区别。他们推断出了一个公式，将以 W 为单位的能耗（P）和以 Mbit/s 为单位的链路容量（C）连接起来：$P = C2/3$。一个 1Tbit/s 路由的能耗大概是 10000W，而一个 1Gbit/s 路由的能耗是 100W。因此，一个 1Gbit/s 的路由传输 1bit 需要 100nJ 的能量，而 1Tbit/s 的路由需要 10nJ 的能量。

在同样的研究中，该作者又研究分析了光纤路由器不同部件的耗能。这项研究与一篇有关光学开关的研究[TUC 07]重新被关注有关。我们注意到这两个研究都指出：

——用于电力供能和冷却的能量占 35%；

——用于控制层面（主要用于路由表的刷新）的能量占 10%；

——用于数据层面(IP 报头的解码、IP 传输、输入与输出、缓存器等)的能量占了 55%;

——这些百分比不会因为使用的技术是完全光学的或者电子的而改变,最终光学和电子技术的区别将会减少。

考虑到最多的能耗是对报头的处理,因此在这一点上大有可为。比如,通过减少跳数、减少核心网络压力、降低数据流在中间节点的停留时间等。

基于 CMOS 技术的仪器能耗以每 18 个月 1.65 的因子增长(Dennard 定律)。在 [KOO 11]中,几十年的能效研究显示,ICT 设备(如服务器)的效率每 1.57 年翻一番:每 J 所能做的运算量在 1949 年~2010 年一直在以这个速度增长。换一种说法就是,对于固定的工作量,设备能耗每 10 年减小为原来的 1/100。设备处理能力每 10 年或 11 年增长 100 倍。因此,单个机器的能耗在过去 60 年内相当平稳[AEB 11]。

在[BOL 11]中,作者指出了网络设备性能水平的不同其能耗的不同 (见图 1.3)。尽管它们的容量(以每秒多少兆比特描述)每 18 个月增长 2.5 倍,但其能耗同时也增长了 1.65 倍。

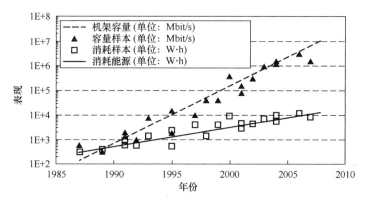

图 1.3　路由器能耗和容量的变化

网络流量是难以预测的。一个来自[CISCO]的报告指出到 2020 年将出现流量大爆炸,流量的大量增长主要是由一系列新的应用(如高清电视)和无处不在的移动网络导致的。

目前,有很多网络设备即使是在非工作状态的时候也消耗了相当的能量。即使与动态能耗相比,它们的静态能耗也不能忽略。生产能耗与其使用成比例的网络设备是此领域的研究者们的目标之一。

1.4　学术界和工业界的倡议

数年间,为了给绿色网络注入生命力,政府部门以及工业界不断提出各种倡议。本节详述了其中一些影响较大的倡议。

其中目标最远大的倡议是由 GreenTouch 联盟[GRE d]提出的。GreenTouch 致力于到 2015 年,通过先进技术将网络能源消耗减少到现在 1/1000。这个目标以未来的通信 QoS 和流量为基础。该联盟分为多个工作组,包括光核心网络、路由和交换、无线移动通信、接入网等。GreenTouch 吸收了来自学术界和工业界的建议,将硬件和软件两方面结合考虑。已有一系列符合 GreenTouch 提议的重点项目、演示项目和设备原型(包括硬件和软件)。

TREND[TRE]是一个致力于网络节能的"卓越网络"。经欧盟委员会的 FP7 研究项目成立,这个由 12 个研究中心和工业界共同组成的合作组织正在定量研究当前和未来电信基础设施的能源需求,进而设计减少能耗的可持续网络。请注意本章中引用的大量和网络能耗有关的数据都来源于 TREND。

欧洲的 ECONET 工程(低能耗网络)[ECO]致力于通过一系列动态技术(睡眠模式和自适应性能)减少有线网络的能耗。他们的中期目标是在保持端对端 QoS 水平不变的情况下,减少网络设备 50% 的能耗,长期目标则是减少 80%。

作为 FP7 的 COST 组的一部分,IC0804[ICO]是一个开放性合作项目。该项目致力于大规模系统的能源效率。有线网络和无线网络两个专业工作团队将欧洲研究者集合起来共同研究这一主题[PIE 10;PIE 11]。

欧洲的 PrimeEnergyIT(2009—2012)[PRI]工程由欧洲智能能源资助,其正在探索多种技术(服务器、网络、存储、冷却等)、度量标准、测试库以及中小型数据中心认证。为了鼓励从数据中心的设计阶段就将绿色概念灌输其中,PrimeEnergyIT 为那些控制着数据中心和计算中心公共财政支出的管理者提出了一系列的建议。另外,PrimeEnergyIT 也提供各种各样的免费教材为人们使用。

加拿大组织 GreenStar[GRE c]计划建立一个只使用绿色能源(太阳能或风能)的中型实验网络。这个网络连接世界上的几个学术中心,并且在最佳效益的模式下运作:如果能源生产状况(太阳能或风能)允许,这个网络就是有效的并且能够传递信息。如果能源状况不佳,网络中的组件就会进入睡眠模式。针对用户需求设计一个自适应的软件环境。

1.5 未来发展的视角和启示

我们可以从不同角度看待通信网络的能耗:经济角度、人文角度和环保角度。通信网络能耗的减少具有更深层的意义,即通过减少能源(化石、核能或绿色能源)的消耗以达到减少温室气体排放的目的。一些研究者认为现在使用的提高能源效率的方法,其力度远远不够[BIL]。无论如何,人类将不得不面临全球温度急剧上升的问题,所以我们必须为之做好准备。在降低能耗这一全球事业中,人类自身的行为是不能被忽略的,必须从用户端对服务质量的需求就做到"绿色"。"绿色网络",更宽泛地说是绿色 IT,必须成为科研组织以及企业的创新点[HER 12]。

在全球化绿色网络进程中,首先,"能源饥渴"的技术解决方案应让位于更具能源效率的解决方案(例如,DSL 相比于光纤网络)。此外,为了供需平衡,能源提供者和大能源消费者之间的深入沟通必不可少。因此,许多学者将"智能电网"看成是未来绿色节能网络的标杆。

1.6 参考文献

[AEB 11] AEBISCHER B., "ICT and Energy", *ICT for a Global Sustainable Future Symposium*, http://www.cepe.ethz.ch/publications/Aebischer_Paradisio_ClubofRome_15-12-11_14-12-11.pdf, December 2011.

[ASA 08] ASAMI T., NAMIKI S., "Energy Consumption Targets for Network Systems", *ECOC 2008*, Brussels, Belgium, September 2008.

[BOL 10] BOLLA R., BRUSCHI R., CHRISTENSEN K., CUCCHIETTI F., DAVOLI F., SINGH S., "The potential impact of green technologies in next-generation wireline networks: is there room for energy saving optimization?", *IEEE Communication Magazine*, November 2010.

[BOL 11] BOLLA R., BRUSCHI R., DAVOLI F., CUCCHIETTI F., "Energy efficiency in the future internet: a survey of existing approaches and trends in energy-aware fixed network infrastructures", *IEEE Communications Surveys and Tutorials (COMST)*, 13 (2), May 2011.

[CIS] CISCO, Cisco visual networking index: Forecast and methodology, 2010-2015, 1 June 2011.

[GES] GLOBAL E-SUSTAINABILITY INITIATIVE (GeSI), SMART 2020: Enabling the low carbon economy in the information age report by The Climate Group on behalf of the e-Sustainability Initiative (GeSI), 2008.

[HER 12] HERZOG C., LEFEVRE L., PIERSON J.M., "Green IT for innovation and innovation for Green IT: the virtuous circle", *Human Choice and Computers (HCC10) International Conference*, Amsterdam, September 2012.

[KOO 11] KOOMEY J., BERARD S., SANCHEZ M., WONG H., "Implications of historical trends in the electrical efficiency of computing", *Annals of the History of Computing, IEEE*, vol. 33, Issue:3, p. 46-54, March 2011.

[PIE 10] PIERSON J.M., HLAVACS H., *Proceedings of the COST Action IC0804 on Energy Efficiency in Large Scale Distributed Systems*, 1st Year, IRIT, Toulouse, July 2010.

[PIE 11] PIERSON J.M., HLAVACS H., *Proceedings of the COST Action IC0804 on Energy Efficiency in Large Scale Distributed Systems*, 2nd Year, IRIT, Toulouse, July 2011.

[TUC 07] TUCKER R., "Will optical replace electronic packet switching", *SPIE Newsroom*, 2007.

[TUC 08] TUCKER R.S., BALIGA J., AYRE R., HINTON K., SORIN W.V., "Energy consumption in IP networks", *Optical Communication, ECOC 2008*, September 2008.

[ZHA 10] ZHANG YI, CHOWDHURY P., TORNATORE M., MUKHERJEE B., "Energy efficiency in telecom optical networks", *Communications Surveys & Tutorials*, IEEE, 12 (4), 2010.

网址

[BIL] Bill Saint Arnaud. http://green-broadband.blogspot.fr.

[ECO] https://www.econet-project.eu.

[EPA] EPA, US Environmental Protection Agency ENERGY STAR Program, Report to congress on server and data center energy efficiency, available online: www.energystar.gov/ia/partners/ prod development/downloads/epa datacenter report congress final1.pdf, August 2007.

[GRE a] www.green500.org.

[GRE b] The GreenGrid, www.greengrid.org.

[GRE c] http://www.greenstarnetwork.com.

[GRE d] www.greentouch.org.

[ICO] IC0804, www.cost804.org.

[IDA] http://www.fftelecoms.org/sites/default/files/contenus_lies/ 007.15_idate_presentation_conference_de_presse.pdf.

[PRI] http://www.efficient-datacenter.eu.

[TIC 08] Rapport TIC et Développement Durable, France, http://www.cgedd.developpement-durable.gouv.fr/IMG/pdf/0058 15-02_rapport_cle2aabb4.pdf.

[TEL] http://www.telecomitalia.com/content/tiportal/it/innovation /events/conferences/giornata_studio_efficienzaenergeticaperchee come/jcr%3Acontent/rightParsys/linklist/linkdownloadParsys/do wnload_1/file.res/02_Cucchietti_Energia.pdf.

[TRE] www.fp7-trend.eu.

第一部分 迈向绿色网络

第2章 迈向绿色有线网络

2.1 引言

温室气体减排成为近年来的热点，无论这种现象是起源于一系列环境问题引发的更多思索，还是一种金融机遇，亦或是声誉问题。个人、公司以及政府都在为减少各部门的能源消耗而投入大量的精力。与此同时，现代信息与通信技术（ICT）在人类活动中的比例越来越大。据估计2%的温室气体就是由这些活动产生的，而且在高度工业化的国家这一比例达到了10%［GLO 07；WEB 08］。

尽管这些数据目前看来尚不为过，但是在未来几年内其无疑将增加。随着云计算的到来，计算与通信设施对性能和广泛可用性提出了前所未有的高要求。这直接导致了对高性能硬件的需求，其运转耗能和降温耗能大大增加。此外，对广泛可用性的需求需要我们设计很大的冗余，以用来处理峰值载荷。这些设施经常处于"空闲"状态，因此，根据其实际所需资源自适应地调整设备性能级别是未来优化工作的前景之一。

以因特网为例，其通过一个核心网将很多异构网络互连而构成。这些网络之间有很多差异，表现在应用技术不同、性能要求和工作量不同。相应地，它们的节能也不同。然而，由于缺少统计数据以及技术升级永不止步，对不同网络的能耗特征进行概括并不容易，更不可能达到一个统一的共识。2002 年 Roth 等人［ROT 02］估测出本地网的集线器和交换机占用了因特网能耗的80%。2005 年 Nordan 和 Christensen［NOR 05］研究得出了交换矩阵造成的功率消耗占总功率消耗的一半。2009 年 Deutsche Telekom［LAN 09］做出的一份研究表明到 2017 年核心网将会同接入网达到同等的能源消耗水平，然而 Bolla 等人［BOL 11］指出核心网的能耗可以忽略不计。

从严格的环境学角度来看，绿色网络的目标是减少由于通信过程所产生的温室气体排放量。使用可再生能源或者低功耗电子器件（如感应设备）是两种基本策略。除此之外，还有很多与基础设施自身物理设计相关的优化策略。例如，我们可以把能源消耗性的设施(如数据中心等)放置在能源生产点的附近,用以避免长距离传输的线路损耗。我们还可以将设施置于常年气温较低的地区,进而使用简单的通风设施代替空调设施。

这些策略或许可以对基础设施的实际能源消耗有影响,但是对网络的能耗起效不大。例如,能源消耗性设施的迁移对网络的体系结构造成一定的约束,这将导致流量的变化。本质上这是一个规划和静态优化的问题。然而,本章我们仅仅关注那些对网络有直接影响的动态部分,即设计部分已完成,基础设施已部署好,我们只研究通信协议对网络能耗的影响。同计算设施类似,通信网络一般存在巨大的冗余设计。冗余设计是自然的,如此设计是为了应对未来可能的新应用的诞生。此外,由于没有 QoS 管理,对于任何时刻数据流载荷的估测一般都是基于峰值的测量或估计进行的。因此,即使网络的流量模式是周期性的且为我们所熟知,在空闲时段,网络依然处于开启状态,但却未被利用,其依然消耗能量,而这是不必要的消耗。例如,网站"欧洲人晚上做什么"(*What Europeans do at night*)[WED]表明在白天数据流出现峰值,晚上出现低谷。为了达到可靠性和容错性要求,冗余设计是十分必要的,但这需要安装很多机器,这些机器一直处于警惕状态,一旦它们发现错误,就能迅速采取措施。绿色网络的整体议题就是在保证 QoS 和容错性限制的同时,尽最大可能进行优化。

本章中我们仅描述可应用于固定网络设施的优化策略。2.2 节提出了几种能耗模型,2.3 节探讨了不同的节能技术,这些技术适用于应用和基础设施层面。2.4 节中我们以绿色路由为例,最后得出结论。

2.2　能量消耗模型

在我们设计优化策略之前,需要对网络中各部分的能耗情况进行了解。尽管只有少数实际数据可供使用,我们还是可以定义一些相关模型,通过这些模型我们可以进行分析。

就像 Barroso 和 Hölze 所述[BAR 07],我们很自然地认为网络中某个设备的能耗与它的载荷有关。图 2.1a 表明了设备能耗的几个示例,这些图形表达的是设备能耗与工作载荷的函数关系。其中,能耗和载荷都采用归一化表示方法。对于能耗未知的设备,其能耗独立于载荷。相对的,某些器件的能耗正比于载荷。更一般的模型是,能耗与载荷之间存在多种模式,不同载荷水平对应着不同水平的能耗。

我们必须注意到,无论网络设备其能耗与载荷关系如何,在统一的资源基础上定义其关系都不是一件容易的事。例如,图 2.1b 给出了两种模式的例子——一种优化适用于低载荷,另一种则适用于高载荷。为了降低这样一个设备的载荷,我们需要增加其他部分的载荷以保证服务质量。从而这种情况下的增益必须高于偶然因素导致的损失，而当能耗-载荷包含多重模式时贪婪试探可能变得低效。

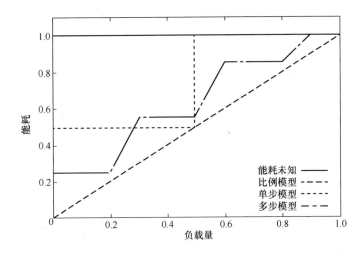

图 2.1a　　不同负载下同一部件的能量消耗（能耗未知、比例及交错模型）

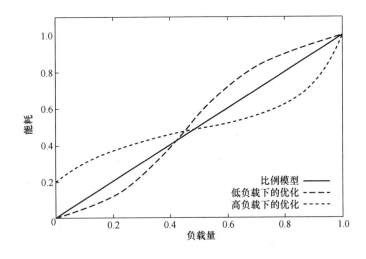

图 2.1b　　不同负载下同一部件的能量消耗（不同模式下的优化模型）

　　对个人计算机的能耗进行评估比较容易，而它们的构造与网络中的很多设备相似，因此许多项目致力于研究它们的能耗状态，借此了解网络设备的情况。某些项目以各个独立的子设备为研究对象，某些则对整个系统的能耗进行研究[ZHA 04；LEB 00；HYL 08]。[RIV 08；LEW 08；RIV 08]指出，即使是最细致的模型，也需要在模型有效性和精确性上进行折中。Lewis 等人[LEW 08]则指出，可以通过一组限制性参数，比如处理器频率、总线、外界温度等，构造一个系统能耗与各个部件关系的线性回归模型。

软件也会影响到能耗。Kansal 和 Zhao[KAN 08]提出了一个精确的估计工具，使我们能够知道哪些应用更节能。两位作者通过比较同一应用程序处理压缩数据和标准数据的不同能耗，表明自己的方法是有效的。压缩技术给处理器带来了额外的负荷，但是减轻了硬盘的压力，因此更节能。应当注意，这一结果与其相应的硬件平台密切相关，上述实验如果在一个使用闪存的设备上进行的话，不一定能得到同样的结论。

关于网络互联设备能耗的研究很少，考虑到设备的实际应用情形和其峰值能耗，生产商提供的数据不够精确，其一般只提及一个简单的耗能值。现在已经有一些独立的研究结果。例如，Chabarek 等人[CHA 08]估测了两种路由器（Cisco 7500和 Cisco GSR12008）的能耗情况。Hlavacs 等人[HLA 09]测量了 4 种不同类型的交换机的能耗，指出设备能耗与其流量是独立的。然而，这些研究工作远远不够，我们需要对更加复杂设备（DSLAM 和机顶盒等）的能耗进行研究，并且依据原理和应用的不同比较不同的技术体制（比如，1Gbit/s 以太网与 10Gbit/s 以太网）。

对于网络层面的能耗估计更加复杂，很难概括其特点，因为有太多因素需要考虑，包括冗余、空调耗能等。Baliga 等人[BAL 07；BAL 09]提出了一个简单中肯的模型，该模型包括各种不同类型的接入网（PON、FTTH、xDSL、WiMax 等）和一个光纤核心网。然而，该模型的许多假设都颇有争议。比如，该模型假设降温能耗是系统标称能耗的两倍，这显然不是普遍成立的。再者，网络冗余的影响也被忽视了。但是，该模型终究给出了一个能耗下界，而上界的研究工作仍在继续。

无论是以各种独立设备还是以整个网络为研究对象，学术界都缺少可靠、广泛、广为同行认可的数据。例如，[GUP 03；GUP 04；GUN 05；GUN 06；ANA 08；PUR 06；SAB 08]等中所述项目就使用了不同的数据集，这些数据集互不相同。

人们设计了很多方案以解决数据缺口的问题。Rivoire 等人[RIV 07]提出了一种适用于特征性描述数据中心能耗情况的分析方法。Mahadevan 等人[MAH 09]给出了一种用来评估设备能耗—负载曲线与基准曲线（能耗正比于负载）差的方法。他们定义了一个度量——能量比例指数（Energy Proportionality Index，EPI）。[BAR 07]中提出了另一种方法，该方法将设备的能量效率看做负载的函数。

这些方法产生了许多参考量，但是我们必须仔细选择，以得到可比较的分析结果。比如，Anathanarayanan 和 Katz[ANA 08]分析了能耗的总减少量，来证明他们方法的有效性；然而 Gupta 和 Sing[GUP 07]或者 Nedevschi[NED 08]等人则着重研究设备处于低能耗状态的时间百分比。Bianzino 等人[BIA 10]列举并比较了不同的参考量，指出学术界必须在基本评价指标上达成一致，以保证基本评价指标具有代表性，进而可以根据应用情景的不同将不同的解决方案分类。

2.3　节能方案

上述各种方案或许难以比较，但确实可以得出这样一个事实——有很多方法可以用于网络能耗优化。我们可以在路由和通信链路的各个层面进行能耗优化。在网络最初设计阶段，除了通常的冗余、自适应负载外，我们还需要考虑特定拓扑结构的节能能力。在功能化阶段，算法和应用应能够自适应调节网络流量，例如，可以利用虚拟化技术将资源聚集在某一个物理机器上。

2.3.1　传输层协议及应用

通常，某些应用是通信网络传输流量的主体。这些应用既影响了网络负载，又在一定程度上影响着通信模式。通过提升某种服务的质量，我们可以影响网络的传输模式，点对点(P2P)技术应用于文件传输的成功就是证明。为了安全或匿名而使用内容交付网络或代理服务器也与 OSI 参考模型的应用层有关。

因此应用层的优化对网络能耗有着显著的影响。Kansal 和 Zhao[KAN 08]还有 Baek 和 Chilimbi[BAE 09]提出了很多量化应用层能耗以及开发高能量效率应用的方案。

Blackburn 和 Christensen[BLA 08]以节能为目的改进了远程登录协议。这一改进使得客户机可以进入睡眠模式，并且恢复方便，其依靠明确的信号来避免因超时导致的数据丢失现象，而不需要保活信息。

在 Green BitTorrent[BLA 09]中，点对点文件交换网络中的参与者优先考虑活跃点的文件下载，而且仅在需要的时候使用非活跃点。人们设置了一个实验机制来测试状态未知的点，例如那些被追踪器公布出来的。然而这篇文章并非解决怎样维持不同机器状态，而不引起大量流量的问题；也不涉及睡眠模式下的快速恢复问题。鉴于 Walk-on-LAN 的使用，安全风险增加。将这些功能加到电视机顶盒中是前景光明的改进思路。

然而，针对应用层的改进策略有其局限性。尽管终端睡眠模式是应用层发展的前景之一，在协议栈层面上采取措施可以更直接地提高能源使用效率，同时这样的优化可以为多种不同的应用所共用。举例来说，Wang 和 Singgh [WAN 04]分析了不同系统中由于 TCP 算法复杂度导致的能耗。据估计仅仅 TCP 导致的能耗就占了总能耗的 15%，而其中的 1/5 ~ 1/3 用于 CRC 的计算。通过 TCP 报头的可选选项(TCP_SLEEP)，Irish 和 Christensen[IRI 98]介绍了在物理层引入外部信号。一旦接收到这样的信号，机器就会将接收到的数据包排队处理，而不将它们立刻转发出去。这种机制的实施还需要大量细节，比如睡眠模式最大频率，[IRI 98]中并没有给出这些参数的估值。

服务虚拟化、 迁移及委托

很多应用很少或者不需要与用户进行沟通。这些应用可以委托给特殊的部件，只要与这些应用相关的服务质量在可接受范围内即可。

例如，Gunaratne 等人[GUN 05]和 Nedevschi [NED 09]等人指出当接口或者终端处于睡眠模式时，其接收到流量的大部分可以忽略。服务声明或发现端口仅仅需要很小的计算量。同样，与 DHCP 有关的 ARP、ICMP 等可以委托给网卡中的处理器来对其进行处理。Purushothaman 等人[PUR 06]提出了一个解决方案，该方案允许终端进入睡眠模式的同时而不与网络断开连接。然而，他们没有估计唤醒时间，由于机器一直处于连接状态，或许它可以随时接收唤醒请求。在[SAB 08]中，作者们研究了这样一种委托策略：区分数据流是否流经标准硬件。他们提出方法的软件版支持接近 1Gbit/s 的数据速率；硬件版则接近 10Gbit/s，而且比软件版耗能减少了 75%。最后，在此基础上研究的更加深入的是 Agarwal 等人[AGA 09]，他们提出把一些特定的任务委托给开关矩阵接口，这些任务通常由一个机器的处理器来运行，比如，直接存储访问管理(Direct Memory Access, DMA)、无需用户介入的网络任务(如 FTP 下载, 点对点传输等)。实际上，这些就是将低能耗的中心处理器、RAM 和闪存合并于网卡之上。

虚拟化是另一个很有前景的优化技术，因为它将很多服务集中于同一物理平台。与进程迁移或者轻量级进程迁移对比，它使得任务本身及其环境都迁移，减小了此过程的复杂度，降低了由于异构和同步导致的延迟。如果一台满负载机器的消耗小于多台非满负载机器，那么这项技术将会非常有用。在数据中心，虚拟化技术已经成功应用于其中。例如，美国邮政服务(United States Postal Service)已经对其 895 台物理服务器中的 791 台实现了虚拟化[USE 07]。很多综述性文献分别从计算角度[NAN 05]和网络角度[KAB 08]讨论了虚拟化技术。

有些服务可以委托给网络中更强大的设备执行，尤其是在复杂流量的情况下(例如点对点传输)，因为功能更强的设备能轻易地完成其他多个机器才能完成的工作。在住宅环境中，机顶盒是完成这项工作的理想对象，因为它有充足的资源并且始终构成网络中的一部分。更宽泛地说，可以使用一个开关矩阵接口负责响应 ARP、ICMP、DHCP 等请求。某些文章指出在睡眠模式下保持主机的 TCP 连接。[GUN 05；PUR 06；JIM 07]在点对点传输下对这种代理进行了评估，指出在不影响系统性能的情况下，可以大幅度节省能耗。Nedevschi [NED 09]等人比较了不同复杂度和不同实现方法的 4 种代理，如 Click 路由器。他们表明尽管能耗增益显著，这些策略还是远远不够的，特别是存在大量单播传输的情况下。

这些迁移和代理技术使我们能够显著地影响网络行为。我们可以将服务集中于少数机器上，而让部分网络处于睡眠状态，就好像我们可以控制发送和接收数据速率，以确保它们低于某一阈值。为了使功耗—负载模式是线性或近线性，我们倾向于使用低负载链路和设备。

2.3.2　通信链路

根据各种实际测量[CHA 08；HLA 09；MAH 09]，以太网链路的能耗独立于其实际使用情况。例如，在高速以太网(100 Mbit/s 以上)下，其链接始终保持在工作状态。为了避免每一帧的发送都需要重新同步，网络接口卡始终保持同步状态。因此，链路的能耗仅取决于协定的数据速率，而不是实际的负载。功耗—负载曲线呈交错的阶梯状。然而，在这种情况下，有两种方法都是可行的：在保持 QoS 的同时将某些链路置于睡眠状态；基于负载重新协定数据传输速率。

2010 年 9 月 IEEE 802.3az 标准诞生[IEE b]。该标准的发展历史和现状见[CHR 10]。IEEE 802.3az 定义了一组信令消息，可以称之为低功耗闲置(Low Power Idle，LPI)，其作用是在链路处于非活动状态时将链路置于睡眠状态，这就为控制通信链路的能耗提供了一个基本的工具。然而，正如许多以前的文章所述，如[GUP 03；GUP 04；GUP 07]，在反应速度和能耗效率权衡之间做出正确的选择并实现是十分困难的。Gupta 和 Singh[GUP 03]提出，节点本身可根据到达数据包之间的时间间隔管理自身的睡眠间隔。

但是，必须指出管理策略的有效性高度依赖于网络接口的行为。因此，当进入睡眠模式时，则取决于所使用的技术。某接口可能处于深度睡眠模式，在这种模式下，任何接收到的数据包都将被忽略。可以使用一个缓冲区来存储数据包，以等待节点处理。相对来说，数据包到达时，节点也可能处于完全活动状态，会产生少量能耗和非空延迟。最后，在某些情况下，如并行机，可以使用影子端口，而不是非活动接口处理数据包[ANA 08]。

Gupta 等人[GUP 04]将网络接口进入待机模式的过程归结为两种状态：完全活动模式或睡眠模式。由睡眠模式切换到活动模式需要一定的时间——唤醒时间，在现代技术中约 0.1 ms——伴随着功耗峰值。相反，可以假设反向操作是瞬时的，并且没有能耗。这一模型简单，但不易于扩展。例如，考虑到各种不同技术体制提供的多种传输速率，其能耗特征是不同的。

例如，以太网目前能够提供 10Mbit/s ~ 10Gbit/s 之间的数据传输速率。文献[GUN 05]表明，不同数据传输速率之间的能耗差异并不明显。一台 PC 的网络速率从 10Mbit/s 提高到 1Gbit/s 只会带来 3W 的额外消耗，在 2005 年这相当于总能耗量的 5%。对于网卡而言，同样的数据传输速率变化只带来 1.5 W 的额外消耗。在一定范围内选择数据传输速率的问题可以表示为整数多商品流问题，其目标是在保证 QoS 的同时，最小化系统能耗，而这是一个 NP-hard 问题[EVE 75]。为适应不同的数据传输速率，很多作者提出一系列策略，或基于测量系统的瞬时状态[GUN

06〕，或基于它的历史信息〔GUN 08〕。

在完备的基础设施条件下，Nedevscbi 等人〔NED 08〕比较了睡眠策略和自适应链路速率策略下的端到端延迟、造成的损失和能耗增益。能耗增益分别以睡眠模式下可挂起的机器数量和自适应链路速率模式下链路速率的平均减少量表示。结果表明，存在一个阈值，当低于该阈值时将部分系统置于睡眠状态相比自适应链路速率而言更有效。其他的如 Meisner 等人〔MEI 09〕和 Wierman 等人〔WIE 09〕的研究工作分别比较了处理器和服务器的睡眠模式及自适应链路速率模式。当睡眠模式不是非常复杂的时候，如果我们只想尽量减少能耗及传输时间的话，这就是更好的选择。然而，自适应链路速率策略出现波动及大量错误的概率更小。

更进一步地说，睡眠状态和活动状态之间相互切换的触发条件的选择相当棘手。Gunaratne 等人〔GUN 05〕建议基于数据队列的状态确定两个阈值以触发这些转换。使用两个阈值可以减小这两个模式之间快速转换的概率，但并不能完全防止这种情况的出现。Gunaratne 等人在〔GUN 08〕中表明，当链路数据传输速率接近最大容量时，这种相互转换的振荡变得更加频繁。因此，他们提出测量两个状态的持续时间，以便动态定义阈值。Ananthanarayanan 和 Katz〔ANA 08〕提出，需要测量一段时间内队列的状态而不是瞬时队列状态。"全球行动计划"〔GUP 07〕则指出可以基于目前的状态和已完成的数据处理过程预测未来状态。

最后，设备不同部分之间的同步也带来了一些问题。当一个网卡决定切换模式时，它必须通知链路另一端的对应主体。文献〔GUP 03〕中，网卡会在进入睡眠模式之前通知其邻近主体；当需要传送帧时则向周围"睡眠"主体发送唤醒信息。Gunaratne 等人在〔GUN 06；GUN 08〕中指出，以太网自协商速率的例程相对于动态自适应速率而言过于缓慢。1Gbit/s 的数据传输速率对应的延迟时间大约是 256ms。因此，基于 MAC 层的控制包，他们提出了一种更快速的变换，延迟时间缩短到大约 100μs。

迈向节能网络

当我们希望对整个网络进行优化时，可以在网络的设计和实施阶段采取措施。DWDM 网络能源效率高而且可以提供非常大的容量。但是，这一技术是相当刚性的，主要是由于电子约束。在光域内建立一个缓冲区是不太可能的，因为这一机制是光突发交换〔QIA 99；JUE 05〕的核心，这限制了对数据包的分析和处理能力。

优化网络性能——从本地优化技术过渡到全局策略是一个困难的问题，因为这至少在一定程度上涉及不同设备之间的协同。Chabarek 等人〔CHA 08〕以及 Sansò 和 Mellah 等人〔SAN 09〕将此种情形描述为一个优化问题。Chabarek 等人在〔CHA 08〕中介绍了多商品流问题的能源成本，并期待在性能和能耗之间达到平衡。Sansò 和 Mellah 等人〔SAN 09〕在容错能力上进行了类似的讨论。

Nedevschi 等人〔NED 08〕在一个完整的基础设施中研究了自适应链路

速率的问题。流量进入网络时伴随着自适应，目的路由器相同的数据包被整合成单个突发包，类似于突发光交换[QIA 99；JUE 05]。这种方法增加了端到端时延，但其影响有限，因为它为中心设备睡眠时间和活动时间的转换选择了较好的频率。作者探究了睡眠时间的长短对网络负载、突发大小以及传输时间的影响。研究结果显示，复杂度的增加是有限的，但他们并没有给出睡眠时间长短或管理的建议。

最后，从路由层面来看，若负载允许，我们可以寻求在某些机器或部分网络中对数据流进行聚合，从而有利于其他机器处于睡眠状态。文献[GUP 03]中将这作为一个可能的优化途径。该文将两个平行路由器置于自治系统边界。路由协议成为协调这两个路由器睡眠时间的先决条件。OSPF 将睡眠链路看做是一个不可用链路，同时更新网络拓扑结构，并且触发一个不经常执行的程序。IBGP 存在大量路径振荡且有时会出现循环。该文讨论了一些解决方案之间的转换，这些解决方案取决于一个中心决策点。

通过动态配置链路权重，这种路由必须确保网络的连通性，并且不能对 QoS 有显著影响。因此，必须确保一定程度的路径多样性，并且限制每一个链路的最大数据传输速率，以保证其效率。准确地说，这也是一个整数线性规划的多商品流问题[CHI 09]。该文章评估了某些贪婪法则，包括关闭某些链路或节点。由于作者研究的是一个配备多边缘链路的简单情况，这可以认为是最优条件，因为冗余提高了解决方案的效率。其他的研究则通过数值方法确定最佳点，但仅考虑网络链接[FIS 10]。

2.4　节能路由问题

正如前面所述，节能路由一般试图将数据流汇聚到部分设备或网络中，以便让其他资源进入睡眠模式。作为引例，在这里我们提出了一个模型，该模型比[FIS 10]更深入地研究了网络链路和节点。路由问题被看做一个优化问题，针对几个不同的能耗模型，我们在一个真正的网络拓扑环境下使用数值方法对其进行了求解。

2.4.1　能量消耗模型

正如 2.2 节中指出的，很难得到基于实测数据的能耗模型。因此，在这里我们将基于各种已发布数据[GUN 05；GUN 06；TUC 08；HWM 08]得出一个通用的、易于扩展的能耗模型。某连接部件的能耗可以由一个修正的增长函数表示，它有一个最小值 E_0，表示无源性；一个最大值 M[BAR 07]。尽管存在一些差异，这种近似依然是可以接受的。虽然许多部件的能耗曲线是阶梯状的，该模型依然是一个良好的近似结果，因为实际中的函数是递增的，并且具有相对固定的增长率。此外，当该部件未被使用时其能耗为零。此模型被称为"idleEnergy（闲置能量）"，如图 2.2 中的实线所示。

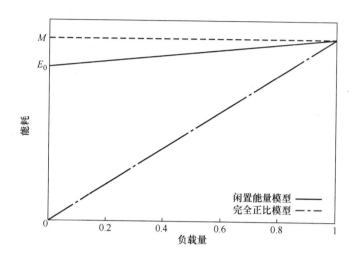

图 2.2　不同负载下交换矩阵的能耗模型

对于参数 E_0 和 M 的值，我们从已有文献最常用的数据来推断。表 2.1 简要介绍了这些参数。C 代表了节点的开关容量。因为节点的最大开关容量在已有文献中没有涉及，我们假设认为其值是所有连接链路总容量的一半。虽然这种假设比较保守，但是我们得到了一个强大的、具有自适应性的交换矩阵模型。

表 2.1　不同内联元素的能耗参数

网络元素	E_0/W	M/W	参考文献
节点	$0.85\,C^{3/2}$	$C^{3/2}$	[TUC 08]
链路容量(0~100)/(Mbit/s)	0.48	0.48	[HWM 08,GUN 05]
链路容量(100~600)/(Mbit/s)	0.9	1.00	[HWM 08,GUN 05]
链路容量(600~1000)/(Mbit/s)	1.7	2.00	[GUN 06]

在我们的分析中，这个模型有两种特殊情形尤为重要，它们决定了上界和下界。第一种情形就是图 2.2 下方点画线表示的情形，称为完全比例模型。此时 E_0 为 0，能耗线性增长。这种情形是完全自适应部件在链路自适应数据速率的情况下产生的[GUN 08]。相反地，图 2.2 上方点画线表示的是能耗未知模型，其能耗独立于使用，也无所谓该部件是活跃状态还是关闭状态。

2.4.2　问题的形式化

我们使用有向图表示一个网络，$G=(N,L)$。其中 N 是点集合，不加区分的代表源节点、目的节点及中间节点；L 是代表通信链路的边集合。对网络 G 的每个部件 a（节点或链路），我们使用 l_a 代表其负载，c_a 代表其容量，即最大负载量。

我们的目标是配置网络（例如功率状态、不同节点和链路的负载等）以最小化系统的能耗。系统能耗可以表示为各个节点和链路的能耗总和。每个部件的能耗都如之前所述，用一个修正函数来表示。我们使用二进制变量 x_a 表示部件 a 的状态（开或关）（当 a 开时 $x_a = 1$，当 a 关时 $x_a = 0$）。部件 a 能耗函数的梯度表示为 E_{fa}。最后，我们应该考虑到当连接是双向时，任何一个方向检测到传输请求，两个方向就都是开启状态。既然我们使用的是有向图，那么一条链路的负载就是两个方向上载荷的总和。总的能耗量可以表示为式（2.1），为了避免每个链接计算两次，第一部分需除以 2。

$$\frac{1}{2} \sum_{(i,j) \in L} \left(\frac{(l_{ij} + l_{ji}) E_{fij}}{c_{ij}} + x_{ij} E_{0ij} \right) + \sum_{n \in N} \left(\frac{l_n E_{fn}}{c_n} + x_n E_{0n} \right) \tag{2.1}$$

网络负载由一个流量矩阵定义。对输入节点 s 和输出节点 d 而言，矩阵表明了从 s 到 d 的流量。这一值用 r_{sd} 表示。这个数据流进入到网络中，引起所选链接（i, j）的流量变化。这一流量矩阵具有如下的约束：

$$\sum_{(i,s,d) \in N^3} f_{ij}^{sd} - \sum_{(i,s,d) \in N^3} f_{ji}^{sd} = \begin{cases} r_{sd} & \forall (s,d) \in N^2, j = s \\ -r_{sd} & \forall (s,d) \in N^2, j = d \\ 0 & \forall (s,d) \in N^2, j \neq s, d \end{cases} \tag{2.2}$$

为了保证 QoS，链路的负载不能达到 100%，而是应该保持在管理员认为合理的值以下。这一约束条件表述如下：

$$\sum_{(s,d) \in N^2} f_{ij}^{sd} = l_{ij} \leq \alpha c_{ij} \, \forall (i,j) \in L \tag{2.3}$$

在下文中，我们假设一个节点的负载与进入节点和离开节点的流量成正比。由于只关心内部节点，我们可以认为这两个值是相同的。这导致了以下的限制：

$$l_n = \sum_{(i,n) \in L} l_{in} + \sum_{(n,i) \in L} l_{ni} \, \forall n \in N \tag{2.4}$$

最后我们假设节点或者链路将被关闭，当其负载为 0 时。网络中任意部件都应满足以下限制：

$$Z x_{ij} \geq l_{ij} + l_{ji} \, \forall i, j \in L \tag{2.5}$$

$$Z x_n \geq l_n \, \forall n \in N \tag{2.6}$$

其中 Z 是一个足够大的数（至少是节点或链接容量两者较大者的两倍），用于规范变量 x_a 的值。当 l_a 大于 0 时 x_a 为 1；当 l_a 为 0 时，x_a 为 0。

因此节能路由问题就是在遵循这一系列约束的前提下，最小化式（2.1）中定义的能耗。这个问题是一个关于二进制变量 x_a 和实变量 l_a 的混合整数线性规划问题。

2.4.3 实验结果

　　如同很难找到关于能耗的准确数字，关于哪些场景下的能耗最具有代表性，人们也难以达成共识。然而恰因如此，我们很容易地找到这样一种情形：某一算法具有很大的能耗增益，尽管这并不现实。尽管这样不够理想，我们还是选择基于某一实际场景研究可能的能耗增益下界。

　　我们选择使用 GEANT 网络拓扑结构[GEA]，如图 2.3 所示。这一相对复杂的网络包括 23 个节点和 74 个链接。我们可以得到某一工作日的 24 个流量矩阵：从 0：30 到 23：30 每小时一个。该网络的路由由 IGP-WO 算法定义[IGP]，这是标准路由。下文称这一场景为 IPG-WO 路由。

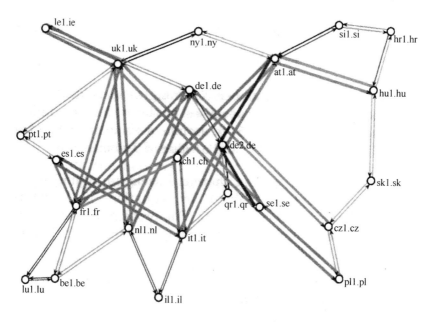

图 2.3　GEANT 拓扑结构（链路的不同深浅代表了使用率）

　　对于 idleEnergy 模型而言，能耗增益很大程度上归因于关闭网络中某些部件，因为这使 E_0 减小。由表 2.1 中可以看出，这个常数因子的影响比自适应负载增益（$M - E_0$）的影响要大。另外，在我们的模型中，某条链路的能耗低于节点能耗一个数量级，这意味着潜在的链路能耗增益很小。然而，这里所讨论的网络拓扑结构是不可能将某个节点关闭的，因为每个节点都是一个非空链路的源或目的地。从这一角度来说，GEANT 情景并不适合于我们的优化策略。

　　相应的优化问题可由 AMPL[AMP]建模，并使用 CPLEX[IBM]进行数值求解。表 2.2 和表 2.3 总结了 3 种能耗模型各自对应的 24 个流量矩阵的平均值，图 2.4 分别示意了链路和节点的能耗增益。

表 2.2 不同损耗模型下的 IGP-WO 能耗情况（24 个流量矩阵的平均值）

模 型	IGP-WO 路由		
	节 点	链 路	总 计
能源未知	7，676.00	59.12	7，735.12
idle Energy	6，565.95	46.23	6，612.18
完全正比	307.21	10.97	318.18

表 2.3 不同损耗模型下的绿色路由能耗情况（24 个流量矩阵的平均值）

（括号中的数字表示与表 2.2 对比的增益）

模 型	绿色路由					
	节 点		链 路		总 计	
能源未知	7，676.00	（ −0.0）	59.12	−0.0）	7，735.12	（ −0.0）
idle Energy	6，569.22	（ +0.05）	30.34	（ −34.4）	6，599.56	（ −0.2）
完全正比	286.69	（ −6.7）	5.10	（ −53.5）	291.79	（ −8.3）

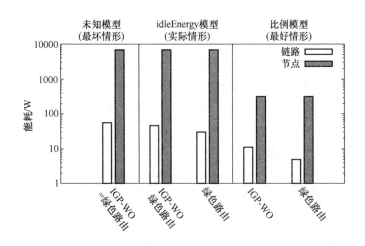

图 2.4 不同能耗模型使用不同路由时的能耗对比

这里给出的结果证实了上面提到的假设——源于链路的能耗增益很小。图 2.5 给出了这一模型分别使用 IGP-WO 和绿色路由时一天内的能耗变化。可以看到，绿色路由节省了一些消耗，当网络负载增大时其节省量也随之增大。

对于完全正比能耗模型，能耗增益源于将流量聚集到包含最节能设备的链路上。在这一模型中，我们并没有因为在被动模式下的能耗是 $0(E_0 = 0)$，而想要关闭某条链路或节点。表 2.2 表明，在这种能耗特征下有可能获得更大的增益。这表

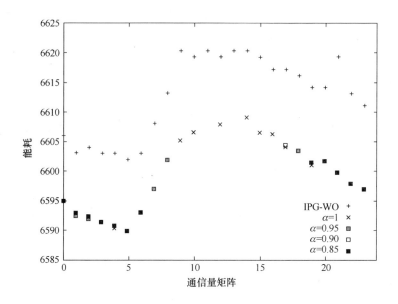

图 2.5　idleEnergy 模型不同路由策略的能耗对比

明通过软硬件结合可以近似完全正比能耗模型的特征，比如 IEEE 802.3az[IEEa]中提出的适应链路速率以及[ISC 06]中提出的电压和频率的动态适应。

1. 对 QoS 的影响

在绿色网络概念中，能耗增益来源于关闭网络的某些部分或者优化它们的负载，从而减少其能耗。然而这种策略与通过冗余提高容错能力和平衡负载的传统策略相背。因此，需要评估这种策略对链路负载的影响，并与 IGF-WO 标准进行比较。

更具体地说，我们需要给出绿色网络技术转移流量的特征，以及路由策略对负载的影响，因为这与 QoS 有直接关联。为简单起见，在这里，我们只给出 0：30 时 idleEnergy 模型对应的场景。事实上，得出的结论与其他情形是相似的。图 2.6 比较了两个不同的路由方案的链路负载分布。应该注意到，IGP-WO 情况下所有链路均处于活动状态，而绿色路由停用了许多链路。因此，绿色路由策略中具有高负载链路的可能性较大。

图 2.7 显示了两种情形下的链路平均负载。首先，我们可以看到绿色路由情形下平均负载略有增加，这是路径长度略有增加的缘故。其次，绿色路由倾向于将低容量链路中的负载迁移至高容量链路中。我们还注意到，由于这些网络部分往往比较受限且多样性较少，这使得一定数量的低容量接入链路中的流量聚集基本不可能实现。

图 2.8 展示了绿色路由关闭的链路。这些链路用深黑线表示。在这种情形下，

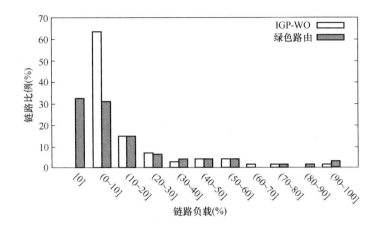

图 2.6　IGP-WO 和绿色路由的链路负载对比

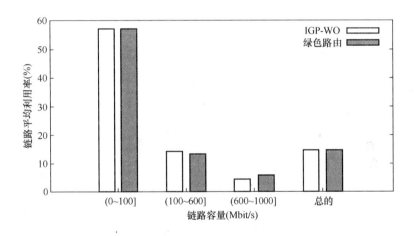

图 2.7　两种路由策略下的链路平均负载

关闭链路的策略是关闭负载较低(大约平均 5.2% 负载)而具有高容量的链路(容量低于 100 Mbit/s 而保持活动状态的链路)。总体而言,连接到这样一条链路的节点也与另一条类似链路相连。

虽然这些结果都是在特定情形下所得,但通过多方观察,我们可以认为尽管绿色路由对 QoS 有影响,但其影响是可接受的。流量重定向到高容量链路中,但对链路负载并没有显著的影响。此外,这个模型中能够通过前面提到的参数 a 限制链路的最大使用率。图 2.9 显示出了该参数的影响。图中结果是使用完全比例模型的 24 个流量矩阵获得的平均结果。这些结论在其他能耗模型中也是相似的。该图显示,这一限制条件对总的能耗增益并没有很大影响。我们控制节点负载在 50% 以下。然而,链路负载减少引起的效应更明显:在许多情况下,问题变得无法解决。

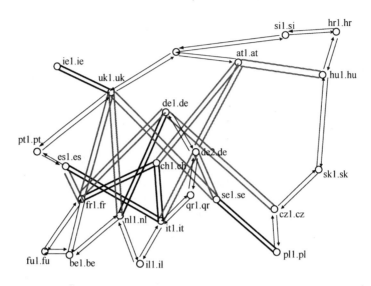

图 2.8 绿色路由关闭的网络链路(黑色加粗线)

事实上, 在低负载的情况(在 0:30 时的流量矩阵), IGP-WO 中的某些链路负载达到 90% 以上。因此, 限制链路最大负载不会产生任何优化。图 2.9 中右侧轴表示了可实现的优化百分比。

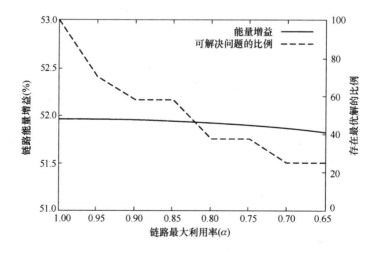

图 2.9 链路不同最大负载下的能耗增益

2. 灵敏度

为了研究绿色路由技术的灵敏度以及其应用于非限制性拓扑结构网络的可能性, 这里我们给出一些对原问题修改得到的结果。此时, GEANT 网络中一个或多个节点不再负责发送或接收, 而成为纯粹的中间节点, 专门进行互连的

任务。这些核间节点是从 5 个最核心的节点中选出来的，分别是 at1. at，
ch1. ch，de1. de，es1. es 和 uk1. uk。我们测试了分别对应于 1，2，…，5 个核
心节点可做的配置。

如图 2.10 所示，05：30 时 idleEnergy 模型对应的流量矩阵网络最小负载，但
并没有达到图 2.5 所示的最大能耗增益。

关闭节点可以显著提升优化效率。对于 $N = 1$，idleEnergy 模型中的总能耗
增益大约是 6%，这相当于是仅关闭链路时 0.2% 能耗增益的 30 倍。这 6% 的
能耗增益相当于关闭 1/23 的节点。如图 2.10 所示，当我们增加核心节点数量
时，能耗增益并不会一直增加，因为路由约束的原因，不可能关闭太多节点。
图 2.10 中由方块表示的曲线表示的是实际关闭的平均节点数目，它随着核心
节点数目的增加呈线性增加。"绿色路由"曲线表示关闭所有核心节点而获得
的能耗增益下限。

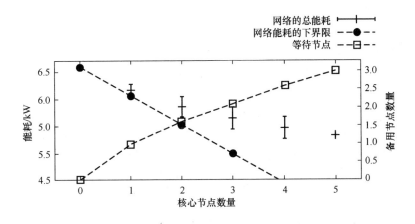

图 2.10 不同核心节点数量时的能耗对比

这一结果表明，即使网络冗余很高，绿色路由依然能够让我们将流量聚集到某
些链路上，进而得到一个处理流量高峰的拓扑链路。然而，绿色路由的预期能耗增
益很大程度上取决于流量的分布和路由。

2.5 小结

本章我们提出了一些用于优化有线通信网络能耗的方案，并且强调了相关协议
和算法设计中缺少可靠且实用的模型。虽然可以假设不同的能耗模型，但实际的能
耗值和负载不得而知。特别地，假设的通信链路能耗模型并不精确。尽管 IEEE
802.3az 技术往往使以太网链路接近正比例模型，但是光链路的能耗更依赖于覆盖
距离，而不是链路负载。本章并没有讨论无线网络，其是优化的潜在目标之一，因

为射频信号的处理是一个非常耗能的过程。

在本章的第二部分中,我们研究了绿色路由的例子。为保证网络 QoS,其结论是受限的。这种机制的效率在很大程度上不仅受到网络流量的影响,而且取决于不同设备的能耗模式以及它们自适应负载的能力。当能耗模式是二进制(开或关)时,潜在的优化取决于路由策略,因此也取决于网络冗余。虽然通常我们可以从冗余中受益,因为网络必须能够承受一定的故障,但也因此无法保证流量分布不会极大地限制优化能力,除非在网络设计时就考虑到这一目标。

总之,本章我们的目标就是简单地描述绿色通信技术应用于实际生活中的潜力。定义一个根据网络负载来分配链路权重的算法是一个复杂的任务。将已有文献(如[CHI 09])中的各种方案应用到这些场景下,并与最优策略进行对比,是非常有趣的事情。

2.6   参考文献

[AGA 09] AGARWAL Y., HODGES S., CHANDRA R., SCOTT J., BAHL P., GUPTA R., "Somniloquy: augmenting network interfaces to reduce PC energy usage", *Proceedings of the 6th USENIX Symposium on Networked Systems Design and Implementation (NSDI)*, Boston, Massachusetts, United States, April 2009.

[ANA 08] ANANTHANARAYANAN G., KATZ R.H., "Greening the switch", *Proceedings of the USENIX Workshop on Power Aware Computing and Systems (HotPower), held at the Symposium on Operating Systems Design and Implementation (OSDI 2008)*, San Diego, California, United States, December 2008.

[BAE 09] BAEK W., CHILIMBI T., Green: a system for supporting energy-conscious programming using principled approximation, report no. MSR-TR-2009-89, Microsoft Research, July 2009.

[BAL 07] BALIGA J., HINTON K., TUCKER R.S., "Energy consumption of the Internet", *Proceedings of the Joint International Conference on Optical Internet and the 32nd Australian Conference on Optical Fibre Technology (COIN-ACOFT 2007)*, p. 1-3, Melbourne, Australia, June 2007.

[BAL 09] BALIGA J., AYRE R., SORIN W.V., HINTON K., TUCKER R.S., "Energy consumption in optical IP networks", *Journal of Lightwave Technology*, vol. 27, no. 13, p. 2391-2403, 2009.

[BAR 07] BARROSO L.A., HÖLZLE U., "The case for energy-proportional computing", *IEEE Computer*, vol. 40, no. 12, p. 33-37, 2007.

[BIA 10] BIANZINO A.P., RAJU A., ROSSI D., "Apple-to-Apple: a common framework for energy-efficiency in networks", *Proceedings of ACM SIGMETRICS, GreenMetrics workshop*, New York, United States, June 2010.

[BLA 08] BLACKBURN J., CHRISTENSEN K., "Green Telnet: modifying a client-server application to save energy", *Dr. Dobb's Journal*, October 2008.

[BLA 09] BLACKBURN J., CHRISTENSEN K., "A simulation study of a new green BitTorrent", *Proceedings of the First International Workshop on Green Communications (GreenComm) in conjunction with the IEEE International Conference on Communications*, Dresden, Germany, June 2009.

[BOL 11] BOLLA R., BRUSCHI R., CHRISTENSEN K., CUCCHIETTI F., DAVOLI F., SINGH S., "The potential impact of green technologies in next generation wireline networks. Is there room for energy savings optimization?", *IEEE Communication Magazine*, vol. 49, no. 8, 2011.

[CHA 08] CHABAREK J., SOMMERS J., BARFORD P., ESTAN C., TSIANG D., WRIGHT S., "Power awareness in network design and routing", *Proceedings of the 27th Annual Conference on Computer Communications (IEEE INFOCOM 2008)*, p. 457-465, Phoenix, Arizona, United States, April 2008.

[CHI 09] CHIARAVIGLIO L., MELLIA M., NERI F., "Reducing power consumption in backbone networks", *Proceedings of the IEEE International Conference on Communications (ICC 2009)*, Dresden, Germany, June 2009.

[CHR 10] CHRISTENSEN K., REVIRIEGO P., NORDMAN B., BENNETT M., MOSTOWFI M., MAESTRO J.A., "IEEE 802.3az: the road to energy efficient ethernet", *IEEE Communication Magazine*, vol. 48, no. 11, 2010.

[EVE 75] EVEN S., ITAI A., SHAMIR A., "On the complexity of time table and multi-commodity flow problems", *Proceedings of the 16th Annual Symposium on Foundations of Computer Science (SFCS'75), IEEE Computer Society*, p. 184-193, Washington, United States, October 1975.

[FIS 10] FISHER W., SUCHARA M., REXFORD J., "Greening backbone networks: reducing energy consumption by shutting off cables in bundled links", *Proceedings of 1st ACM SIGCOMM Workshop on Green Networking*, New Delhi, India, August 2010.

[GLO 07] GLOBAL ACTION PLAN, An inefficient truth, Global Action Plan Report, http://globalactionplan.org.uk, December 2007.

[GUN 05] GUNARATNE C., CHRISTENSEN K., NORDMAN B., "Managing energy consumption costs in desktop PCs and LAN switches with proxying, split TCP connections and scaling of link speed", *International Journal of Network Management*, vol. 15, no. 5, p. 297-310, 2005.

[GUN 06] GUNARATNE C., CHRISTENSEN K., SUEN S.W., "Ethernet adaptive link rate (ALR): analysis of a buffer threshold policy", *Proceedings of the IEEE Global Communications Conference (GLOBECOM 2006)*, San Francisco, California, United States, November 2006.

[GUN 08] GUNARATNE C., CHRISTENSEN K., NORDMAN B., SUEN S., "Reducing the energy consumption of ethernet with adaptive link rate (ALR)", *IEEE Transactions on Computers*, vol. 57, no. 4, p. 448-461, 2008.

[GUP 03] GUPTA M., SINGH S., "Greening of the Internet", *Proceedings of the ACM Conference on Applications, Technologies, Architectures, and Protocols for Computer Communications (SIGCOMM 2003)*, p. 19-26, Karlsruhe, Germany, August 2003.

[GUP 04] GUPTA M., GROVER S., SINGH S., "A feasibility study for power management in LAN switches", *Proceedings of the 12th IEEE International Conference on Network Protocols (ICNP 2004)*, p. 361-371, Berlin, Germany, October 2004.

[GUP 07] GUPTA M., SINGH S., "Using low-power modes for energy conservation in ethernet LANs", *Proceedings of the 26th Annual IEEE Conference on Computer Communications (IEEE INFOCOM 2007)*, p. 2451-2455, Anchorage, Alaska, May 2007.

[HAY 08] HAYS R., WERTHEIMER A., MANN E., "Active/idle toggling with low-power idle", *Presentation for IEEE 802.3az Task Force Group Meeting*, January 2008.

[HLA 09] HLAVACS H., DA COSTA G., PIERSON J.M., "Energy consumption of residential and professional switches", *Proceedings of the IEEE International Conference on Computational Science and Engineering*, IEEE Computer Society, vol. 1, p. 240-246, 2009.

[HYL 08] HYLICK A., SOHAN R., RICE A., JONES B., "An Analysis of Hard Drive Energy Consumption", *Proceedings of the IEEE International Symposium on Modeling, Analysis and Simulation of Computers and Telecommunication Systems (MASCOTS 2008)*, p. 1-10, Baltimore, Maryland, United States, September 2008.

[IRI 98] IRISH L., CHRISTENSEN K.J., "A 'Green TCP/IP' to reduce electricity consumed by computers", *Proceedings of IEEE Southeastcon'98*, Orlando, Florida, United States, April 1998.

[ISC 06] ISCI C., BUYUKTOSUNOGLU A., CHER C.Y., BOSE P., MARTONOSI M., "An analysis of efficient multi-core global power management policies: maximizing performance for a given power budget", *Proceedings of the 39th Annual IEEE/ACM International Symposium on Microarchitecture (MICRO 39)*, IEEE Computer Society, p. 347-358, Orlando, Florida, United States, December 2006.

[JIM 07] JIMENO M., CHRISTENSEN K., "A prototype power management proxy for Gnutella peer-to-peer file sharing", *Proceedings of the 32nd IEEE Conference on Local Computer Networks (LCN 2007)*, Dublin, Ireland, October 2007.

[JUE 05] JUE J.P., VOKKARANE V.M., *Optical Burst Switched Networks*, Springer, Heidelberg, Germany, 2005.

[KAB 08] KABIR CHOWDHURY N.M., BOUTABA R., A survey of network virtualization, report no. CS-2008-25, University of Waterloo, October 2008.

[KAN 08] KANSAL A., ZHAO F., "Fine-grained energy profiling for power-aware application design", *ACM SIGMETRICS Performance Evaluation Review*, vol. 36, no. 2, p. 26-31, 2008.

[LAN 09] LANGE C., "Energy-related aspects in backbone networks", *Proceedings of 35th European Conference on Optical Communication (ECOC 2009)*, Vienna, Austria, September 2009.

[LEB 00] LEBECK A.R., FAN X., ZENG H., ELLIS C., "Power aware page allocation", *ACM SIGOPS Operating Systems Review*, vol. 34, no. 5, p. 105-116, 2000.

[LEW 08] LEWIS A., GHOSH S., TZENG N.F., "Run-time energy consumption estimation based on workload in server systems", *Proceedings of the USENIX Workshop on Power Aware Computing and Systems (HotPower), held at the Symposium on Operating Systems Design and Implementation (OSDI)*, San Diego, California, United States, December 2008.

[MAH 09] MAHADEVAN P., SHARMA P., BANERJEE S., RANGANATHAN P., "A power benchmarking framework for network devices", *Proceedings of IFIP Networking 2009*, Aachen, Germany, May 2009.

[MEI 09] MEISNER D., GOLD B.T., WENISCH T.F., "PowerNap: eliminating server idle power", *Proceedings of the 14th International Conference on Architectural Support for Programming Languages and Operating Systems (ASPLOS '09)*, p. 205-216, Washington, United States, March 2009.

[NAN 05] NANDA S., CHIUEH T.C., A survey on virtualization technologies, report no. TR179, Department of Computer Science, SUNY at Stony Brook, February 2005.

[NED 08] NEDEVSCHI S., POPA L., IANNACCONE G., RATNASAMY S., WETHERALL D., "Reducing network energy consumption via sleeping and rate-adaptation", *Proceedings of the 5th USENIX Symposium on Networked Systems Design and Implementation (NDSI2008)*, San Francisco, California, United States, April 2008.

[NED 09] NEDEVSCHI S., CHANDRASHEKAR J., LIU J., NORDMAN B., RATNASAMY S., TAFT N., "Skilled in the art of being idle: reducing energy waste in networked systems", *Proceedings of the 6th USENIX Symposium on Networked Systems Design and Implementation (NSDI 2009)*, Boston, Massachusetts, United States, April 2009.

[NOR 05] NORDMAN B., CHRISTENSEN K., "Reducing the energy consumption of network devices", *IEEE 802.3 Tutorial*, July 2005.

[PUR 06] PURUSHOTHAMAN P., NAVADA M., SUBRAMANIYAN R., REARDON C., GEORGE A.D., "Power-proxying on the NIC: a case study with the Gnutella file-sharing protocol", *Proceedings of the 31st IEEE Conference on Local Computer Networks (LCN 2006)*, Tampa, Florida, United States, November 2006.

[QIA 99] QIAO C., YOO M., "Optical burst switching (OBS) – a new paradigm for an optical Internet", *Journal of High Speed Networks. Special Issue on Optical Networking*, vol. 8, no. 1, p. 69-84, IOS Press, 1999.

[RIV 07] RIVOIRE S., SHAH M.A., RANGANATHAN P., KOZYRAKIS C., "JouleSort: a balanced energy-efficiency benchmark", *Proceedings of the 2007 ACM SIGMOD International Conference on Management of Data (SIGMOD '07)*, p. 365-376, Beijing, China, June 2007.

[RIV 08] RIVOIRE S., RANGANATHAN P., KOZYRAKIS C., "A comparison of high-level full-system power models", *Proceedings of the USENIX Workshop on Power Aware Computing and Systems (HotPower), held at the Symposium on Operating*

Systems Design and Implementation (OSDI), San Diego, California, United States, December 2008.

[ROT 02] ROTH K.W., GOLDSTEIN F., KLEINMAN J., Energy consumption by office and telecommunications equipment in commercial buildings, Volume I: Energy consumption baseline, Report, National Technical Information Service (NTIS), US Department of Commerce, January 2002.

[SAB 08] SABHANATARAJAN K., GORDON-ROSS A., "A resource efficient content inspection system for next generation smart NICs", *Proceedings of the IEEE International Conference on Computer Design 2008. (ICCD 2008)*, p. 156-163, Lake Tahoe, California, United States, October 2008.

[SAN 09] SANSÒ B., MELLAH H., "On reliability, performance and internet power consumption", *Proceedings of 7th International Workshop on Design of Reliable Communication Networks (DRCN 2009)*, Washington, United States, October 2009.

[TUC 08] TUCKER R., BALIGA J., AYRE R., HINTON K., SORIN W., "Energy consumption in IP networks", *Proceedings of the 34th European Conference on Optical Communication (ECOC'08)*, Brussels, Belgium, September 2008.

[USE 07] US ENVIRONMENTAL PROTECTION AGENCY, Energy star program, report to Congress on server and data center energy efficiency public law 109-431, August 2007.

[WAN 04] WANG B., SINGH S., "Computational energy cost of TCP", *Proceedings of the 23rd Annual Joint Conference of the IEEE Computer and Communications Societies (INFOCOM 2004)*, vol.2, p. 785-795, Hong-Kong, March 2004.

[WEB 08] WEBB M., "SMART 2020: enabling the low carbon economy in the information age", *The Climate Group*, London, June 2008.

[WIE 09] WIERMAN A., ANDREW L.L.H., TANG A., "Power-aware speed scaling in processor sharing systems", *Proceedings of the 28th Annual Conference on Computer Communications (IEEE INFOCOM 2009)*, Rio de Janeiro, April 2009.

[ZHA 04] ZHAI B., BLAAUW D., SYLVESTER D., FLAUTNER K., "Theoretical and practical limits of dynamic voltage scaling", *Proceedings of the 41st Annual ACM Design Automation Conference (DAC 2004)*, p. 868-873, San Diego, California, United States, June 2004.

网址

[AMP] AMPL, A Modeling Language For Mathematical Programming: http://www.ampl.com/.

[GEA] The Geant Network: http://www.geant.net/.

[IBM] IBM ILOG CPLEX Optimizer Homepage: http://www-01.ibm.com/software/integration/optimization/cplex-optimizer/.

[IEE a] IEEE 802.3AZ Task Force: http://www.ieee802.org/3/az/index.html.

[IEE b] IEEE P802.3AZ ENERGY Efficient ETHERNET TASK FORCE: http://www.ieee802.org/3/az/index.html.

[IGP] The Interior Gateway Protocol Weight Optimizer (Igp-Wo) Algorithm: http://totem.run.montefiore.ulg.ac.be/algos/igpwo.html.

[WED] What Europeans Do At Night: http://asert.arbornetworks.com/2009/08/what-europeans-do-at-night/.

第3章 迈向绿色移动网络

3.1 引言

正如许多行业领域都有责任去应对各自领域对全球气候变暖造成的影响，通信领域(更确切地是指移动通信领域)也已经将降低通信能耗的目标加入到其发展路线图中。因此无论是通信标准制定工程师，通信标准应用者还是通信网络运营商，都提出了旨在降低温室气体排放的通信标准提案，其中有些提案已经获得通过并应用于通信网络和系统中。

本章将从人们最关注的能耗问题的视角切入，将绿色通信的技术进行分类，并对不同技术进行概述。

3.1.1 蜂窝无线网络的趋势：降低能耗

蜂窝无线网络是一个干扰受限的通信系统，这就意味着许多应用于蜂窝无线通信网络(从传输信道到射频端)的优化目标是最小化系统频分复用策略(蜂窝无线通信的基本技术)所带来的干扰。同时因为移动终端能量受限(受限于电池容量)，如何减少移动终端侧的能耗也是一个需要考虑的问题。这两个主要的问题都是旨在降低基站或移动终端的通信能耗，目前我们已经通过很多技术来解决这些问题，如功率控制机制、非连续传输(Discontinuous Transmission, DTX)、睡眠模式(例如 WiMax 网络)、非连续接收(Discontinuous Reception, DRX)和基于最优小区准则的切换策略等。

虽然在蜂窝系统中，最小化功率一直是系统设计者和运营者的目标。但由于降低能耗及温室气体排放的压力越来越大，绿色蜂窝网络的概念随之而来。

3.1.2 绿色蜂窝网络的定义和需求

首先我们定义一般意义上的"绿色蜂窝网络"。绿色蜂窝网络是由一系列旨在提高能效和功效的蜂窝网络技术组成的无线网络，其目的是减少温室气体的排放以及降低辐射功率。降低温室气体排放的概念已经出现很久并广为人们所熟知。提到温室气体排放，人们容易直接联系到的是交通行业和重工业，好像信息与通信行业(Information and Communication Technology, ICT)与温室气体排放没有什么关系，其实不然。据统计 ICT 行业消耗了 3% ~ 7% 的电力资源，贡献了 2% 的 CO_2 排放量(与全球航空业的排放量持平)[KEL07; KAR03]，因此绿色通信网络这一概念的出现是电信业发展的必然结果。在电信网络众多的组成部分中，移动通信运营商是能源消耗的头号大户。例如意大利目前的电信运营商（包括有线网络和无线网络）——意大利电信（Telecom Italia）在国家能源消耗排行榜中位列第二。此外由于移动网络通信量的近指数增长[WIL 08]，预测到2015年每月的流量将达到6.3EB，相当于2010年的26倍。相应地，其能耗增长也比其他ICT领域要快得多[CIS 10]。ICT行业的能耗以15%～20%的增长率增长[FET 08]。蜂窝无线网络最明显的能耗在传输部分，其中有57%的电力消耗在无线接入中。在以CDMA为接入技术的3G网络中，基站（BTS或Node BS）的发射功率是要基本保持同一时刻内所有服务区域内的移动终端都能在一定范围内，这样的发射功率就组成了通信网络中能耗的绝大部分。由此，若3G基站的发射功率为40W，那么总共要消耗的功率就是500W，即使是不考虑将GSM基站升级至3G基站后带来的能耗降低，一年也将消耗近4.5MW·h的能量。由此看来，就算运营商不关心CO_2排放量，那么出于降低运营开销（OPEX）的考虑，也会促进降低能耗技术的发展。尽管3G/3G + 蜂窝无线网络通信量呈爆炸式增长，4G/LTE网络发展迅速，运营商的收入却因能耗没有随之成比例增长，因此这就迫使运营商降低网络能耗，包括资本开销（CAPEX）和运营开销（OPEX）。

大部分发展和应用于无线网络的降低能耗技术是基于参数优化机制，如数据传输速率、服务质量、可用性和可扩展性等。这些技术都是为了克服传统非绿色通信网络中的不足而发展的。大部分移动通信系统的设计者主要从最大化系统性能的角度来发展技术，例如最优化传输速率、服务质量和可靠性等，但是却没有考虑网络设备由此带来的能耗问题。目前这些通信系统都是以性能为导向而不是以能耗效率为导向的系统。随着绿色通信技术的应用，能耗节约可能会降低系统的服务质量，因此网络性能与能耗之间的折中将成为绿色通信系统设计中的新问题。

图3.1总结了无线通信系统频谱效率的增益来源（最终体现在能耗中）[WEB 07]。

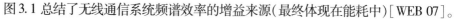

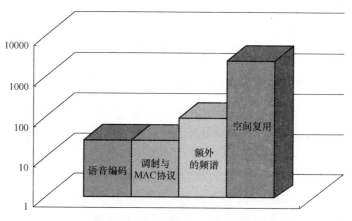

图3.1　1950～2000年无线通信系统频谱效率的增益来源

GSM 协会 (GSM Association,GSMA) 从能量效率的视角比较了移动通信系统。该协会定义了 4 个网络间能耗对比参数指标：每单次通信连接能耗、每单位小区通信能耗、每单位通信量能耗和每单位收益能耗。

本章剩下部分结构如下：第一部分将关注绿色通信网络的进程和协议在降低能耗中的应用。第二部分主要与工程领域相关。第三部分与降低能耗的硬件和网络体系架构有关。

3.2　绿色通信网络的进程和协议

由图 3.2 可以看出网络各个组成部分的功耗分布，无线接入子系统 (更准确地说是基站收发设备) 消耗了整个蜂窝无线网络中最多的功率。实际上，基站收发设备消耗了整个无线蜂窝网络中 50% ~ 90% 的能量，因此采取各种方法降低无线接入网 (Radio Access Network,RAN) 的能耗显得尤为重要。事实上，通过合适的降低功耗技术，可以降低无线接入网 30% 、核心网超过 50% 的发射功率。在这里我们首先聚焦于降低无线接入网功耗的技术。

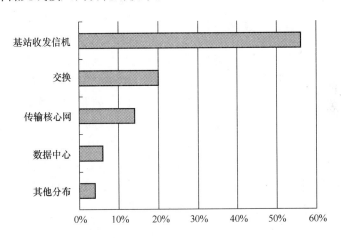

图 3.2　蜂窝网络功耗分布图 [CIO 08]

3.2.1　无线接口技术

无线接口传输系统的设计中，包括一些"经典"的技术，如功率控制、DTX、DRX 和睡眠模式等，以及一些新技术，如 MIMO、认知无线电和干扰消除技术。

事实上，正如前言中所述，涉及能量的问题 (手机电池容量有限、终端小型化) 一直是系统设计者关心的主要问题之一，特别是在传输信道。因此，人们已将许多经典技术集成到系统标准中，在此我们将阐述两种已经付诸实践的技术：一种自第二代通信系统开始就已经得到应用，另一种则属于应用于第三代和第四代通信系统的新技术。

1. 2G 通信网络的节能技术

首先应用于 GSM 语音通信的节能技术之一是非连续传输技术（Discontinuous Transmission,DTX），其特征是用户不说话时就不发射功率。一般来说，因为语音通信占用传输信道的时间平均为 40% 左右，DTX 技术的应用可以节省终端 60% 的发射功率。

在非活动期间，因为移动性管理和来电通知的原因，移动终端需要监听网络信号，这也会消耗一些能量。因此，GSM 使用了另一种称为非连续接收（Discontinuous Reception,DRX）的技术，该技术使得移动终端以网络和终端预定的时间间隔进行广播并通知当前小区位置。由此移动终端可以在其余的时间里停止接收并节约电池容量。WiMax 移动网络（IEEE 802.16e）也使用了类似的技术——睡眠模式，终端在网络设定的时间段内停止接收，这种方式可节省 25% ~ 36% 的能耗[MAS 10]。

2. 3G 和 4G 通信网络的节能技术

多输入多输出（Multiple Input, Multiple Output,MIMO）技术已被整合写入 3GPP 和 WiMax 标准中，该技术可以让不同的数据流通过不同的天线发送或接收。MIMO 可以结合天线波瓣自适应技术，进而实现空分多址（SDMA）、空时编码和 HARQ 重传技术。文献[BOU 07]显示，与非自适应的 MIMO 系统相比，其能效可以提高 30%。

3.2.2　自适应通信量的网络行为

在第二代和第三代蜂窝无线通信系统中，网络行为独立于通信量状态。这意味着即使网络的负载较低，甚至某些时刻负载为 0 的情况下，所有的网络设备也处于活动状态。因此从这一角度出发，实际上只有 10% 的基础设施是负载通信量的，但却消耗了全球 ICT 行业 80% 的能量，相当于 100 万兆瓦小时。因此优化网络设备运行时长是减少 ICT 行业能耗的有效途径。文献[OH 10]指出，在工作日通信量低于峰值通信量 10% 的时间占到 30%，节假日则为 45%。一个负载很小或几乎无负载的收发基站的能耗达到了其最大能耗的 90%（例如一个 UMTS 基站的发射输出功率为 20 ~ 40W,却总共消耗了 800 ~ 1500W 的功率）。

一个基站的能耗与比特率呈指数增长关系：

$$Pt = a(2R - 1)$$

式中，Pt 是发射功率；R 是比特率；a 是无线链路质量因子。

降低基站功耗不仅是为了节约能源，还有经济效益的考虑。如文献[CHI 08]中图表所示，虽然通信量以每年 400% 的速度增长，但是收益的增长速度只有 23%。因此，节能需要从使用负载和投资两方面出发。

因此，设备制造商已经引入动态自适应流量机制，以降低发射机的功率消耗。在 GSM 系统中，可以在 1ms 的时隙内调整收发机的功率，进而在 24h 的时间段内降低 25% ~ 30% 的能耗。如果自适应通信量机制与低功耗处理器配合使用，那么网络核心节点的能量效率可高达 70%。对于 UMTS 的 WCDMA 系统，类似的机制是当通信量较低时减少载波数量，当足够满足通信量需求时可使用单载波通信。

举例来看，如果安装 100 万个带有此功能的 GSM 基站收发设备，就可以减少约 1 万 tCO_2 排放（相当于 33 万辆汽车一年行驶 16,000km 的排放量）。

根据通信量波动而随之开关基站或收发信机以将能耗减到最小的方法称为动态规划[SAK 10]。

3.2.3　基于延迟的通信量聚合

在 QoS 允许的情况下，有些业务可以采用弹性的 QoS 策略，例如 e-mail 的后台服务，Web 的交互服务，通过将待发送数据进行整合，以减少每个通信元数据报头带来的开销，从而减少收发机频繁收发带来的能耗。该技术主要是通过将来自上层的数据先集中在发送端，等累积到一定数量后再一起发送。WiMax 系统中，在第二层使用了数据聚合技术；同时定义了在能耗节约与 QoS 之间平衡的管理方法。

3.2.4　存储、传输和中继转发

文献[KOL 10a]和[KOL 10b]提出了一种应用于非实时通信业务的数据传输技术，称为存储、传输和中继转发（Store、Carry and Forward Relaying，SCF）。由于蜂窝网络中大部分通信量主要集中在某些小区，而其他小区基本处于非活动状态，文章作者建议使用 SCF 技术，它允许基站在低通信量负载时被关闭，而将数据中继转发到基站覆盖范围内的其他基站收发信机中。同时 SCF 技术也依赖于移动台自动将通信从当前非活动小区切换至活动小区。很显然，我们需要在能耗增益和传输延迟之间适当折中。有文献表明，如果可接受的延迟在 10~30s 之间，移动终端数目在 10~20 之间时，能耗增益跨度在 20% 到将近 90% 之间变化。

3.2.5　MS 与 BTS 的组合优化

由于 MS-BTS 之间的无线链路是整个两点传输链路中能耗最大的部分，对其进行优化将提高整个系统的性能。因此有必要在某些无线传输条件下研究 MS-BTS 之间的最佳组合方式。小区间切换算法（目标小区的选择）的主要目的是在小区间切换中选取最优切换对象，主要使用链路功率值作为判决准则。WiMax 中采用了"最佳小区"切换或者快速基站切换（Fast Base Station Switching，FBSS）。

3.2.6　能源优化切换

当某一区域有许多无线接入技术（Radio Access Technology，RAT）覆盖时，切换算法尤其重要。考虑到通信带宽的限制以及链路能源效率的要求，需要合适的切换算法。满足这一条件的两种切换方式是：垂直切换和水平切换（见图 3.3）。垂直切换是不同类型网络之间的切换，目标是保证移动应用的最佳连接、透明性及不掉

话。水平切换是移动终端在同一网络或同一层次不同小区之间切换，切换算法首先考虑的因素是服务质量，服务成本等[HAS 05]，其次是能耗因素，切换过程中最优目标小区的识别算法在文献[CHO 07；YAN 09；SEO 09；PET 09]中有详细叙述。

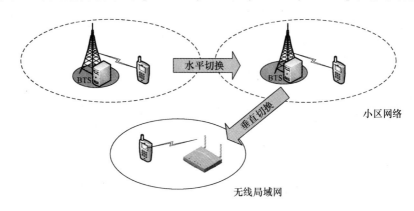

图 3.3 蜂窝移动网络与 WLAN 间垂直和水平切换机制示意图

3.2.7 基站间协同

在通信热点区域(即高通信量区域)，每个点可以同时被多个基站收发信机覆盖。在通信量繁忙的情况下，所有小区都繁忙。相反，在低通信量期间，某些基站的收发信机是多余的，为了减少能耗，可以停用这些基站(见图 3.4)。通过基站之间的协同，使我们能够在保证终端覆盖的情况下，确定哪个基站收发信机应保持活动，哪些应该被停用，同时最大限度地减少该区域的整体功耗。

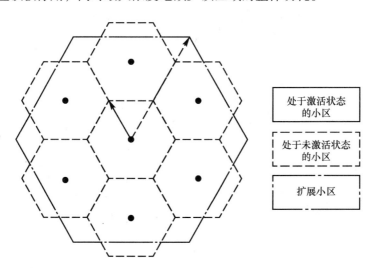

图 3.4 蜂窝无线网络中小区动态停用示意图

3.2.8　无线接入网容量和网络核心节点的增加

降低基站数量的动力催生了高容量基站控制器(Base Station Controllers,BSC)的设计(例如能够处理超过 4000 收发信机,25000 爱尔朗通信量的 BSC),这可以带来 80% 的能耗节约。3G 网络中无线网络控制器(Radio Network Controllers,RNC)的设计也受到了这种趋势影响。在基于扁平化架构的第四代无线网络中,基站控制器被移除,带来了无线接入网层面的增益增长,使得我们可以降低运营开销和资本开销。如 4G 网络一样,网络子系统已经被精简为单一类型,这种精简的趋势也扩展到核心网中,核心网本质上也已经从原来 2G/3G 网络的电路交换改为更加简便和节能的路由交换。

3.3　绿色网络工程架构

设计绿色通信网络的第二条主线是构建合理的网络结构。事实上,如果我们采用一个优化的架构,可以达到节约能源的目的。接下来,我们主要阐述这方面的几种网络架构。

3.3.1　中继和多跳

3GPP 标准中的多跳移动网络是指移动台和基站之间的通信链路可以通过多个终端多跳传输完成(在 LTE 中为单跳链路)。多跳技术除了可以改善 QoS 和覆盖范围外,还有一个显著的优点就是由于每一跳距离减小,通信的总能耗会减少。每一跳中继节点(RN)有以下特征:它的覆盖范围比宏小区要小,因此需要的传输功率也比基站传输功率要少得多。中继节点通过在小范围内的通信,构成了一个能够改善移动网络能量效率的解决方案,3GPP 中建议了不同类型的中继节点。其中一种类型是频段内中继,即中继节点使用基站与移动终端使用的频段。接下来,将阐述 3GPP 定义的这两种中继类型。

中继类型一:中继发生在第三层(IP 层),这意味着中继节点包括底三层传输协议[3GP 09]。这种中继节点包括基站收发信机的所有功能,可以收发 IP 包(PD-CP SDU)。因此,这种中继类型对于移动终端而言是可见的。

中继类型二:这种中继节点包括最底两层或三层协议,这取决于不同的解决方案。在 3GPP 中,这种中继类型对移动终端是透明的。

中继通信还有另外两个主要作用:扩展基站覆盖区域和扩展基站容量(见图 3.5)。

因此,通过使用中继节点以及多跳传输技术,我们能够降低移动通信过程中的能耗。然而,这种技术也具有不足,正如前文所述,由于在传输过程中增加了

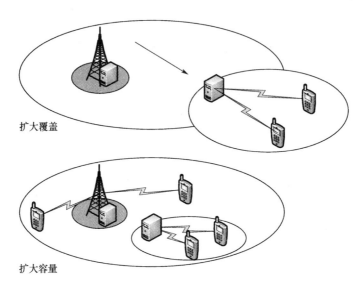

图 3.5 中继类型

"中间节点",可能会带来传输延迟或其他潜在的不良因素,从而导致 QoS 下降。

3.3.2 自组织网络

自组织网络(SON)主要是根据流量、QoS 等因素通过各种机制来自动调整网络参数和配置。由于网络组成元件越来越多,采用人工设置参数来优化所有元件已经不可能了,因此人工控制技术已逐步被自组织网络所取代。这些技术主要包括:

——如何实现网络自动建立及配置(自我配置功能);

——如何优化网络参数,以便获得更好的性能(自优化功能);

——如何在网络服务故障时自动修复网络(自我修复功能)。

因此,SON 是一个具备自动管理能力的网络。这将减少设备安装期间的手工配置和运营期间的网络调整,使我们能够最大限度地减少网络运转周期,最终达到降低无线数据服务消耗与代价的目的[NOK 09]。

3.3.3 网络规划

网络规划是优化能耗从而实现绿色通信网络目标的方法之一。

在第二代网络和第三代网络前期,无线侧和其相关设备的高能耗可由其他方面的节能所补偿,如传输设备、土木工程、网络部署、操作和维护、站点位置选择、交通运输、备件、技术支持与培训等。以前节约能耗的压力主要集中在网络侧,但现在资本开销(CAPEX)和运营开销(OPEX)的压力,导致网络设计者需要通过合适的网络结构来节省无线侧的开销和能耗。此目标可以通过选择适当的无线参数值来达到, 例如无线基站的位置(在可能的情况下)、高度、方向方位、天线方向图、天线倾角、发射功率、重叠覆盖区域等。这可以节约大约百分之几十的开销。CDMA无线接入技术带来了这样一个问题——无线基站的位置与通信量的关系。事实上, 由于基站收发信机的发射功率是共享给它的小区内的所有移动台的, 在CDMA中每条链路的功率最小化的问题比TDMA更具限制性, 例如, 在TDMA网络中给移动终端的功率是按照时隙分配的。绿色通信网络的发展趋势是合理规划无线网络以最大限度地降低功率, 通过合理设置基站或收发天线, 使之尽可能接近高流量地区。因于移动台到基站的传播条件变好, 终端与基站间的小区链路会随之变好, 提供给每个终端的功率就会随之降低。这种类型的规划方案称之为通信量感知的网络规划, 为每一条链路中提供了可观的能耗增益, 同时也降低了全局干扰, 获得了全局的性能增益。

3.3.4 微小区与多接入模式网络

根据Badic等人的评估[BAD 09], 在相同类型的无线电优化工程中, 蜂窝小区半径从1000m减少到250m, 系统效率随之从0.11Mbit/J增加至1.9Mbit/J, 这相当于17.5倍的增益。实际上当衰减系数为4时, 蜂窝小区半径每增加一倍, 无线链路随之损耗12dB。

宏小区网络中微小区的使用不仅具有增加网络容量的优点, 也有利于减少能源消耗。事实上, 如图3.6所示, 需要的网络容量越大, 微小区数量就越多, 由此获得的性能增益就越大。微小区的数量越多, 区域内的功耗就减少得越多。如文献[EAR 10a]所述, LTE的参考通信容量介于1(Mbit/s)/km²(乡村低通信量地区)和120(Mbit/s)/km²(人

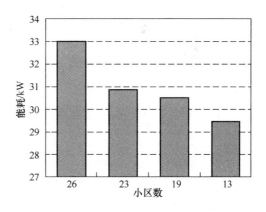

图3.6 通过优化网络设计带来的能耗降低示意图

口密集的城市环境,高使用率)之间。如文献[EAR 10b]所述, 通信容量在70(Mbit/s)/km²的区域, 采用宏小区覆盖是最优部署方案。对于通信量密度高达100(Mbit/s)/km²的区域, 每个宏小区内设置一个微小区是最佳的部署方案, 在这种情况下, 此方案比单纯使用宏小区的方案获得高达3%的性能增益。在通信量密度大于150(Mbit/s)/km²的区域, 每个宏小区内至少需要5个微小区, 能获得高达10%的性能增益。但应当指出的是, 这些结果仅适用于覆盖范围内的通信量是均匀分布, 而微小区分布在宏小区的边界(例如那些覆盖较

弱的区域)的情形。另外一种有意思的微小区设置方法是将微小区设置在宏小区的内部,但这样的设置仅适用于高通信量和高速率数据传输场景,从能耗的角度来看,可以作为通信量密度超过 250(Mbit/s)/km² 的宏小区网络场景的一种替代部署方案[MAR 03;HOP 99]。为了降低移动终端与网络连接的功耗,可在室内环境部署微微小区或 xDSL 无线路由器或微基站,然后采用有线的方式(如交换机、路由器等)连接到基站收发信机的网络控制器,这样比直接采用无线连接的方式降低了能耗。

除了蜂窝小区种类外,合理的频段也有助于节省能耗。无线接入网络使用较多的频带(例如 900MHz 频段和 2100MHz 频段)可以获得更高的数据传输速率和更大的容量。移动台到基站的链路可以通过合理设置频带参数来优化其性能(低频段适用于恶劣的信道传播条件,高频段适用于较好信道条件下的高速率通信)。文献[EAR 10b]的结果表明,不管是能耗还是容量,都可达到 15% 的性能增益。

3.3.5 全 IP 和扁平化架构

第四代移动通信网络的特征在于它是一个扁平化的网络架构,包括基站收发信机都在一个单一层内,由宽带媒介(一般为光纤)彼此互连。相比目前的 2G 和 3G 无线接入网络,去掉控制层(包括基站控制器 BSC 和无线网络控制器 RNC)降低了成本(站点部署、地租方面的成本)和能源消耗(使用了更高能效和更高容量的设备)。此外,由于在 4G 网络中去除了电路交换核心网,使得我们可以紧跟网络发展趋势来减少节点数目,降低网络能耗,使用高能效路由器等。

3.3.6 智能天线——减少基站数量

第三代和第四代移动通信网络引入了智能天线技术。智能天线促进了 MIMO(多输入多输出)和波束赋形技术的单独或联合应用。这些技术使得新网络的覆盖范围大大增加。波束赋形技术最初是在 WiMax 网络中引入的,并被 3GPP 的 WCDMA 和 LTE 系统所采用,其技术特征是能够将发射能量集中在一个特定的方向(即移动终端的方向),从而降低网络侧到移动终端无线连接所需的辐射能量(包括有用信号能量和干扰能量)。通过使用这个技术,能减少 40% 的站点数量。

3.3.7 基站间协作

基站间协作的主要目标之一是确保基站的耗能有效地用于数据传输。不可控的干扰会造成能量浪费。因此,有几种应用于基站之间协作的方法得到应用,可以概括性称为多点协作(CoMP)通信。相邻的基站收发信机之间通过反向链路进行通信,相互之间的协作是发生在终端层面还是在网络层面基于这部分链路的容量,目的是协作分配通信资源给终端,并尽量减少基站间干扰。

使用 CoMP 技术能够获得基站和终端之间链路能耗方面的性能增益[AKT 06],特别是当链路质量一般或干扰较大的时候(通常指的是移动终端位于小区边界上)。此外,结果表明,3 个以上基站之间的协作有利于改善每比特的能耗。当通信发生在小区边界时(即超出小区半径 5% ~10% 的范围),而对应的通信量负载在 10% ~20% 之间均匀分布,通过基站间协作能够降低 5% ~10% 的能耗[EAR 10b]。在文献[STO 08]中,采用分数频率复用技术也能获得相似的性能增益。在[EAR 10b]中,假设一天有 9h 通信负载量低于日峰值量的 50%,则属于低负载情形;有 15h 高于日峰值量的 50%,则属于高负载情形。负载较大时,性能增益可以达到 20%;负载较小时,可以达到 12%。系统总性能增益在 15% 左右。

最后,文献[MAN 10]中展示了一个保持网络冗余并降低功耗的技术架构。他们提出了一种基站间协作的技术方法,在减少活动基站数量的前提下,同时又能满足 QoS 和覆盖的最低要求。

3.4　绿色网络的组成与结构

大部分应用于绿色通信网络的降低能耗技术是通过采用工程或传输技术来优化基站的发射功率。在本节,我们介绍应用于设备层面(网络的组件和结构)的优化措施。正如前文所介绍的那样,网络系统部件的大部分能量集中消耗在无线接入网络中,其中基站收发信机能耗占蜂窝无线网络能耗的比例较高(在 60% ~80% 之间),这显示了降低基站能耗的重要性。此外,减少基站能耗不仅是环保方面所寻求的效果,也能带来其他方面的节约,如延长移动台和基站的寿命以及相关的成本(如维修、更换等开销)。

可以在各个方面降低基站收发信机的能耗:

——开发新型组件,如高能效的功率放大器,无扇叶空调,或其他可在高温下工作而无需冷却的网络组件;

——资源管理,如功率控制;

——智能网络拓扑结构,从部署到操作(例如,通过使用中继技术、动态站点切换技术等)。

在前面的章节中我们已经介绍了其中一些技术,下面主要介绍有关高能效组件技术和替代能源技术。

3.4.1 低功耗放大器

基站收发信机中包括一个射频(RF)组件,该组件消耗了大部分能量。射频部分的能耗占到一个 BTS 总能耗的40%。无线通信标准的增多给基站收发信机的功率最小化带来了限制,这导致了可同时处理多种标准(GSM、WCDMA、LTE 或 WiMax)的多模基站收发信机的产生。为此,这些基站需要能节约高达60%功耗的多载波功率放大器,通过几种放大器技术的组合,其功效可达到40%。

另一种技术被称为高精度跟踪功率调制器(High Accuracy Tracking Power Modulators),通过更换 DC-DC 变换器,使我们能够基于信号包络动态改变功率放大器产生的电压,由此可以带来50%左右的功耗增益。

3.4.2 消除馈线和光纤网络

通常情况下,基站收发信机将射频放大部分集成于其结构当中,而由于收发天线通常距离基站收发信机几米甚至几十米远,连接天线和基站收发信机之间的供电电缆(即直流馈电)可能会有比较严重的衰减,由此就会造成基站(BTS)的功耗增加。因此,几乎所有新的基站系统都将放大器与天线集成在一起,从而缩短收发信号到天线之间的传输距离,并由此减少放大前后的收发信号通过馈线电缆传输的功耗,从而可以获得高达25%的能耗增益。

此外,位于天线附近的放大器,需要在不带冷却的高温条件下(高达45°C)工作。事实上,通过设计可以在高温下运行的组件可以使我们减少甚至去除对冷却的需求,并因此降低射频基站中与之相关的能耗。

3.4.3 太阳能和风能

使用绿色能源(如太阳能或风能发电)也能显著降低 CO_2 的排放量。在某些国家,电网并不能覆盖全境,使用燃油发电机供电的无线基站还会由于燃料补给(每月一次或每季度一次)间接带来 CO_2 的排放。如果1000个无线基站使用太阳能或风能发电作为能源,就能节省4400tC,因此减少14500t 的 CO_2 排放。更具体而言,$1m^2$ 的太阳能板产生的 $400kW \cdot h$ 的能量,能满足3G 宏小区网络至少5%(例如伦敦这种密集的网络情况),平均10%左右的能源需求。结合太阳能和风能给一个微小区或微微小区网络提供能源在两方面来看都是可行的。在低通信量的地区中,太阳电池板已经被使用并提供恒定的能量供应给基站收发信机,尤其是在一年四季都可以源源不断地接收大量太阳能的撒哈拉以南地区。

3.4.4　双收发机技术

某些设备制造商推出了一种技术，称为双收发机(Twin TRX)技术。其中涉及的物理层收发机(TRX)模块(即基站射频侧的收发器)能够操作两个虚拟的收发机模块。这使得每个收发机的功耗能降低至30%左右。同时通过使用多载波功率放大器，可以获得高达60%的额外功率节省。

3.4.5　冷却技术

节约能源可以通过寻找合理的部署无线基站的环境来获得，如先前我们提到可以使用替代能源的区域。基站工作环境的冷却系统是一个耗能非常大的组成部分。例如，在数据中心中，50%的能源消耗在冷却组件上，而另外50%的能源被消耗在计算设备上[FAN 07；BAR 07]。提高冷却设备的效率和使用冷却替代装置能为降低能耗带来巨大的贡献。

3.5　小结

在本章中，我们探讨了降低蜂窝无线网络能耗，实现绿色通信网络的各种技术方法。我们也意识到为了达到这一目标会带来一定程度上服务质量(QoS)的降低，因此必须在节约能耗和 QoS 之间做出适宜的折中。

3.6　参考文献

[3GP 09] 3GPP TR 36.814 v1.5.1 Further Advancements for E-UTRA, Physical Layer Aspects, December 2009.

[AKT 06] AKTAS D., BACHA M., EVANS J., HANLY S., "Scaling results on the sum capacity of cellular networks with MIMO links", *IEEE Trans. Inform. Theory*, vol. 52, no. 7, p. 3264-3274, July 2006.

[BAD 09] BADIC B., O'FARREL T., LOSKOT P., HE J., "Energy efficiency radio access architectures for green radio: large versus small cell size deployment", *Proceedings of the IEEE 70th Vehicular Technology Conference (VTC Fall)*, Anchorage, United States, September 2009.

[BAR 07] BARROSO L.A., HÖLZLE U., "The Case for Energy-Proportional Computing", *Proceeding Of IEEE Computer*, p. 33-37, 2007.

[BOU 07] BOUGARD B., LENOIR G., DEJONGHE A., VAN PERRE L., CATTHOR F., DEHAENE W., "Smart MIMO: an energy-aware adaptive MIMOOFDM radio link control for next generation wireless local area networks", *EURASIP J. Wireless Commun. Networking*, vol. 2007, no. 3, p. 1-15, June 2007.

[CHI 08] CHIA S., "As the Internet takes to the air, do mobile revenues go sky high?", *IEEE Wireless Communications and Networking Conference*, Las Vegas, April 2008.

[CHO 07] CHOI Y., CHOI S., "Service Charge and Energy-Aware Vertical Handoff in Integrated IEEE 802.16e/802.11 Networks", *Proceeding of IEEE INFOCOM*, p. 589-597, 2007.

[CIO 08] CIOFFI J.M., ZOU H., CHOWDHERY A., LEE W., JAGANNATHAN S., "Greener copper with dynamic spectrum management", *Proceeding of IEEE GLOBECOMM*, p. 1-5, 2008.

[CIS 10] CISCO, Cisco visual networking index: global mobile data traffic forecast update, 2010-2015, 2010.

[EAR 10a] EARTH PROJECT DELIVERABLE D2.3, Energy Efficiency Analysis of the Reference Systems, Areas of Improvements and Target Breakdown, 2010.

[EAR 10b] EARTH PROJECT DELIVERABLE D3.1, Most Promising Tracks of Green Network Technologies, INFSO-ICT-247733 EARTH, December 2010.

[FET 08] FETTWEIS G., ZIMMERMANN E., "ICT energy consumption trends and challenges", *Proceedings of IEEE WPMC*, Lapland, Finland, September 2008.

[HAS 05] HASSWA A., NASSER N., HASSANEIN H., "Generic vertical handoff decision function for heterogeneous wireless networks", *Proceeding of IFIP Conference on Wireless and Optical Communications*, p. 239-243, 2005.

[HOP 99] HOPPE G.W.R., LANDSTORFER F.M., "Measurement of building penetration loss and propagation models for radio transmission into buildings", *IEEE Veh. Technol. Conf.*, p. 2298-2302, September 1999.

[KAR 03] KARL H., An overview of energy efficient techniques for mobile communications systems, Technische Universität Berlin, Technical Report, 2003.

[KEL 07] KELLY T., ICTs and climate change, ITU-T Technology, Technical Report, 2007.

[KOL 10a] KOLIOS P., FRIDERIKOSY V., PAPADAKI K., "MVCE green radio project: inter-cell interference reduction via store carry and forward relaying", *Green Wireless Communications and Networks Workshop (GreeNet)*, VTC Fall, 2010.

[KOL 10b] KOLIOS P., FRIDERIKOS V., "Load balancing via store-carry and forward relaying in cellular networks", *IEEE GLOBECOM*, 2010.

[MAN 10] MANCUSO V., ALOUF S., "Reducing costs and pollution in cellular networks", in *IEEE Communications Magazine*, special issue on Green Communications, June 2010.

[MAR 03] MARTIJN E.F.T., HERBEN M.H.A.J., Characterization of radio wave propagation into buildings at 1800 MHz, Thesis, 2:122-125, 2003.

[MAS 10] MASONTA M.T., MZYECE M., NTLATLAPA N., "Towards energy efficient mobile communications", *Proceedings of the 2010 Annual Research Conference of the South African Institute of Computer Scientists and Information Technologists, SAICSIT*, 2010.

[NOK 09] NOKIA SIEMENS NETWORKS, Introducing the Nokia Siemens Networks SON suite – an efficient, futureproof platform for SON, November 2009.

[OH 10] OH E., KRISHNAMACHARI B., LIU X., NIU Z., "Towards dynamic energy-efficient operation of cellular network infrastructure", *IEEE Communications Magazine*, November 2010.

[PET 09] PETANDER H., "Energy-aware network selection using traffic estimation", *Proceeding of ACM MICNET*, p. 55-60, 2009.

[SAK 10] SAKER L., ELAYOUBI S.E., CHAHED T., "Minimizing energy consumption via sleep mode in green base station", *Proceeding IEEE WCNC*, p. 1-6, April 2010.

[SEO 09] SEO S., SONG J., "Energy-efficient vertical handover mechanism", *Proceeding of IEICE Transactions on Communications*, vol. E92-B, no. 9, p. 2964-2966, 2009.

[STO 08] STOLYAR A.L., VISWANATHAN H., "Self-organizing dynamic fractional frequency reuse in OFDMA systems", *INFOCOM 2008, The 27th Conference on Computer Communications IEEE*, p. 691-699, 13-18 April 2008.

[WE 07a] WEBB W., *Wireless Communications: The Future*, Wiley, New York, 2007.

[WE 07b] WEBER W.D., FAN X., BARROSO L.A., "Power provisioning for a warehouse-sized computer", *Proceeding of ACM International Symposium on Computer Architecture*, p. 13-23, · 2007.

[WIL 08] WILLIAMS F., Green wireless communications, eMobility, Technical Report, 2008.

[YAN 09] YANG W.H., WANG Y.C., TSENG Y.C., LIN B.S.P., "An energy-efficient handover scheme with geographic mobility awareness in WiMAX-WiFi integrated networks", *Proceeding of IEEE WCNC*, p. 2720-2725, 2009.

第4章 绿色通信网络

4.1 引言

网络世界和信息技术(IT)通常消耗大量能量,而这些能耗常常被人们所低估。在 2012 年初媒体曝光称该能耗约占全球 CO_2 排放量的 5%。其实这个值是难以计算的,我们只能估计为 3% ~ 7%,主要是因为这种能耗受到众多因素影响。我们将在本章研究这些因素。首先需要注意的是通信行业的能耗大约占到 IT 行业能耗的一半。

在更深入地了解全球通信行业之前,我们先关注一下 IT 行业,其 5/6 的能耗花费在个人计算机设备、打印机和其他相关设备上。这些设备每天需要几十亿个插座来提供 20 ~ 100W 的功率。剩余的 1/6 能耗主要涉及数据中心等设备,即具有互联网存储和超强计算及应用能力的数据库服务器。最大的数据中心有时会包含百万台服务器,它们的电力消耗可以达到 100MW。

数据中心构成云的神经节点,更确切地说,是互联网服务提供商(ISP)、存储器和计算等构成的云。基于可用性、可靠性和冗余性等原因,大型云服务提供商有多个数据中心。在 4.2 节中,我们将探讨有助于减少这些设备能耗的因素。

我们将深入研究的第二个主要领域是网络消耗:云可以看做是与网络相关的服务器。如果不在过大的细节处讨论的话,我们可以看到,能耗基本上来源于电信运营商的天线。第三代(3G)天线能耗在 1000 ~ 2000W 之间,其平均值为 1300W。全球范围内有近 2 万根天线。如印度这样的大国有多达 13 个独立运营商。如果我们将这个数字乘以天线的数量,结果迅速就成为天文数字。

第二个主要的能耗来源就是家庭网关,通常称为互联网盒、宽带路由器或 AD-SL 路由器。这些设备数以亿计,据不完全统计全球有 5 亿个这样的设备。虽然每个设备的能源消耗不是很大(10 ~ 30W),但是至少可以说宽带路由器总数是相当大的。

在简要介绍全球 ICT 的能源消耗之后,我们将进一步详述这种消耗的原因,但只局限于上述所有减少能耗的可能解决方案。我们将首先从数据中心和云着手研究,其意义在电信网络中至关重要。然后我们将详细介绍针对全球网络的绿色技术。

4.2 数据中心

数据中心是广大个人和公司使用云存储数据的巨大服务器阵列,其中最大的数据中心是亚马逊、微软和 Facebook 等。据估计,每天增加的服务器数量达到20,000个。在理论方面,服务器的平均消耗是30W 左右,这就意味着每天将额外增加600kW 的能耗。在成本层面,2012 年电力供应成本近似等于运行数据中心总成本的一半。图 4.1 表示的是这些成本演变到数十亿美元的过程。

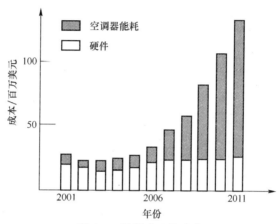

图 4.1 数据中心的成本

在 2008 年和 2009 年间,能源供应的成本等于硬件的成本。

图 4.2 中描述的是数据中心的电力消耗分布。这种消费的大约 1/3 来源于计算设备,也就是说,只有 1/3 的电力用于运行服务器,设备冷却所需能耗占 1/3。最后,我们发现 UPS(不间断电源,保证绝对的恒定电流系统)和 CRAC(计算机房间内能自适应冷却的"智能"空调器)的能耗占 1/3。

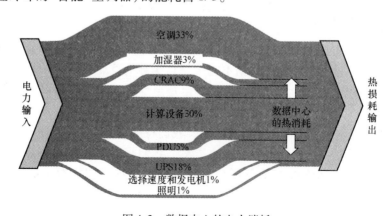

图 4.2 数据中心的电力消耗

在数据中心领域存在许多潜在的节能方法，我们将简要介绍一下其中的几个。冷却是第一个可以节能的领域。将数据中心安置在寒冷的国家，从而使用"免费冷却"，即使用外面寒冷的空气冷却。冷却的成本显然会大大减少。另一种解决方案是使用数据中心所产生的热空气，对附近的住宅或商业楼供暖。

至于计算机处理器，相对于要进行的工作，它们也常常不能很好地优化。虚拟化是一个重要的节约因素。虚拟化包括创建软件套件来执行以前由硬件完成的任务：其中一项是以计算机程序的形式进行简单地硬件任务描述，并且能够在足够强大的机器上执行代码，产生和物理机器相同的性能。我们可以预先看到这完全是得不偿失，因为计算机的优化是非常少的，同时还需要一个管理程序来管理不同的虚拟机。然而，虚拟化的优点是多方面的：首先，虚拟机可以从一台物理机器上移动到另一个。

因此，在相同的物理机器上可以支持大量的虚拟机，直到该物理机达到最佳容量。鉴于此，全球服务器的平均使用率达 10% 左右，虚拟化（至少在理论上）让我们平均将 10 台机器关掉了 9 台。在现实中，增益是相当小的，因为该服务器可能达不到其上限（必须考虑虚拟机监控程序）。最后为确保可用性和可靠性，防止失败现象，必须采取冗余策略。如果虚拟化使用得当，我们可以得到 5 倍增益。事实上，处理器将被更好地使用。

另一种解决方案涉及处理器的速度，即能够适应其处理需要完成任务的能力，这是许多研究项目和发展的焦点。服务器上处理的任务越少，服务器的处理速度就越快。目前，大多数设备都具有能够以不同的速度工作的处理器，但通常情况下，不能自适应工作量的变化。而是用户决定是否将设备在节能模式下工作。

微处理器厂商也都在改善能源开支方面所做的比例计算的工作中相互竞争。总的趋势是处理器变得越来越强大，而能耗越来越小。程序通道也需要改进，以使处理器保持恒定的速度和更加高效率地使用物理资源。

总而言之，我们可以得出如下结论：现在能源开支的危机意识逐渐提高，减少能耗的多项措施也付诸实施，或者至少能以更有效的方式使用能源。

4.3　无线通信网络

由于 TCP/IP 本身和该领域硬件元器件的使用，通信网络也大量地消耗着能量。在电力消耗方面，TCP 是最差的样板。在很长一段时间里是没有什么问题，因为机器连接到高功率的电源插座。自手机、智能手机和更小的接收器问世以来，TCP 的能耗不断增加。这种消耗直接来源于协议本身。有很多的方法可确定此能量支出。比如，在天线上逐一地发送报文是一个能耗特别大的过程，而通过将报文分组在一起，然后仅发送一个长的数据包，发射器的能量消耗至少可以减少一半。另一个例子涉及为了管理因特网的网络控制技术的"慢启动"而定时器被触发次数问题。有很多例子可以说明 TCP／IP 没有有效利用能源。千年之交以来，一些 IETF 的工作组致力于这个问题的研究，但还没有取得很大的进步。

首先，让我们关注一下通信网络能耗的薄弱环节。正如上文所指出的，能耗的主要载体是移动运营商的中继天线：基站收发台（BST）或"节点 B"。图 4.3 提供了这些天线的估计能耗。

从图 4.3 中，我们可以看到，超过一半的能耗来自于功率放大器。第二个能耗的罪魁祸首是冷却，占 20% 左右，其次是占 10% 左右的信号处理和约 10% 的电力供应。这一领域还有很大的提升空间。

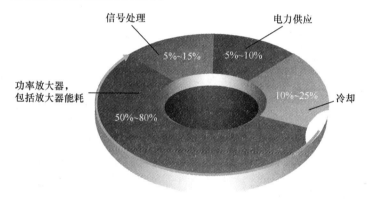

图 4.3 中继天线的能耗分类

在说到能耗比例最大的功率放大器时，应该指出的是发射信号所需功率与覆盖距离的二次方成正比。因此，信号发送距离越远，所需要的功率就越高。因此，如果两个机器需要很长距离的彼此通信，最经济的方式就是安装中继器。假设 L 是被覆盖的距离，可以得到 $L^2 > (L/2)^2 + (L/2)^2 = L^2/2$。显然这个计算只是一个近似计算，因为中继天线也需要耗电，但整体收益仍是显著的。正是出于这个原因，未来的无线通信应该是小覆盖范围。但是，中继器也带来许多问题，特别是许多居民拒绝在其住所附近安装中继器。将天线内置到家庭网关中是支持毫微微小区基站的一个观点。它们的数量将非常大而覆盖面积较小。

能耗的另一个主要来源是通信天线的数据传输速率。它随着世界各地的需求增加而呈指数增长。该需求主要归因于智能手机，它们总是全天处于连接和工作之中。在图 4.4 中，我们已经说明了近几年数据传输速率的增加和未来几年的预计情况。

此图显示数据传输速率逐年翻番。可以预测这一趋势将继续下去，直到 21 世纪 20 年代。十几年的倍增后，数据传输速率相当于增加了一千倍。鉴于电力消耗

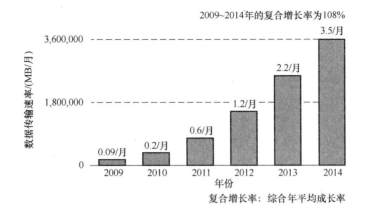

图 4.4　全球无线数据传输速率增加情况

与数据传输速率密切相关，这意味着在 2010 ~ 2020 年之间至少有百倍的增长，这一增长将通过各种技术革新而实现，如认知无线电——使用闲置频率，同时在授权用户到达时停止使用，提高频谱使用效率。例如，未来的 Wi-Fi IEEE 802.11af 将使用没有被占用的电视频段（称为空白电视信号频段）进行高数据速率广播，从而使用更宽的频谱。鉴于大多数房间墙壁不利于电视频段的良好接收，认知无线电技术在房间内采用电视频段将是特别有效的。另一个增加容量的途径是使用定向天线，它能够仅在接收天线的方向发射信号，而不是全向发射，即在所有方向上同时发射。

　　这种数据传输速率的增加是由于视频应用以及较小的和分布式的游戏。这些应用程序表示在图 4.5 中。

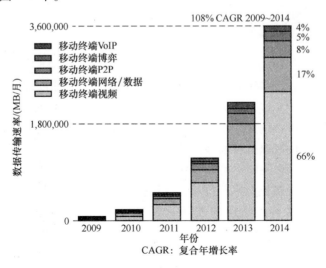

图 4.5　数据传输速率在无线中的应用

　　我们可以从这个图中看到，视频占据了大部分流量，约2/3；紧接着是网络接入和数据传输，特别是对云计算的应用。P2P比想象中的作用要小很多，接着就是手机游戏，最后的是电话呼叫，仅占用了4%的带宽，这与近几年的趋势是相符的，但是电话所带来的财务收入远远超过4%。

　　在物理机层面如何节能有很大的发展空间。例子不胜枚举，其中最显著的一个是数据中心的虚拟化。虚拟化将物理机的任务以软件的形式将单一的个体组合在一起共享物理机。例如，通过虚拟化数据处理将所有的程序组装在一台物理天线上。如图4.6所示，通过虚拟机管理程序，每个操作者都可以拥有自己的虚拟机。操作者对其虚拟机拥有完整的所有权，可以对其编程。它的优点是各种服务都可以共享强大的硬件，同时没有消耗更多的能量。此外，很多硬件可以共享，如 VLR（访问用户位置寄存器）或者 HLR （本地位置寄存器）。本解决方案将减少天线的数量，大大降低电力消耗。

　　再次参照图4.6，一个基本的路由器分成6个虚拟路由器。如图4.7所示，虚拟路由器可以彼此连接形成虚拟网络。

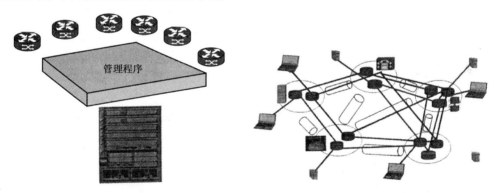

图4.6　虚拟机　　　　　　　　　　　　图4.7　虚拟网络

　　虚拟路由使用相同的协议形成虚拟网络。因此，可以用特定协议创建虚拟网络，如 VoIP 或者 IPTV 或者任何其他应用程序。在陆地网络中，这个解决方案也被广泛使用，通过将虚拟机放在正确的地方以尽可能地减少能耗。例如，可以很容易改变虚拟路由器的位置以减少物理机的连通。在夜间，当流量较低时，可以将所有路由沿相同的路径，以关闭尽可能多的物理路由器。这些技术可以很好地用于 Wi-Fi 接入。通过使用虚拟化技术，能够使 AP 服务于众多的运营商而不是单独一个。这些 Wi-Fi 接入点会在空闲时段尤其是夜间关闭。技术难点在于合适的切换时间——保证网络 QoS 的前提下感知用户流量的变化。有很多方法可以用于解决此问题。其中最有效的是将一个唤醒帧发送到接入点，但这只适用于硬连接的陆地网络。在无线网络中，我们可以安装一个传感器用于检测进入小区或者相邻天线切换的唤醒过程中的能耗。

在图 4.7 中，我们也可以看到除路由器和天线之外的网络设备。实际上，如果物理机有足够的容量，那么毫无疑问，我们可以在其上运行多个虚拟机。在今后的几年，随着计算机计算能力的增加和更多功能的普及，家庭网关将有可能拥有更大的存储器。一种正在研究的与耗能有关的方法是将虚拟机应用到家庭网关，应用分布式云于其中。

4.4 陆地通信网络

迄今为止，我们已经基本了解了无线通信网络。基本了解了以手机为移动终端的通信网络发生了什么。在本节中，首先介绍陆地网络中的能源消耗情况。图 4.8 很好地描述了这一状况。

如图 4.8 所示，能耗主要由用户产生，由本地环路和接入网络产生的比较少，由核心网络产生的最少。据估计每个用户有 1W 用于核心网络，10W 用于本地环路，平均超过 30W 用于终端，包括计算机或者通信设备。这些数字是非常合乎逻辑的。事实上，在核心网中，尽管机器本身消耗更多的能量，但用户的流量和网络设备的复用程度很高。实际中很多用户之间存在共享，连接核心网到 DSLAM 或者相应客户端的复用更少一些。复用可以用于几十或者几百客户端。然而此复用在如插头和用户家中的接线端这样的终端几乎是不存在的，如 ADSL 路由器或者家庭网关设备。国内用户不同业务流之间存在复用。大概消耗 10W 的能量并且主要用于家庭网关。最后。在用户的私人空间，如家庭或者办公室的网络，也存在复用，但通常是一个专门的用户机器。相比网络部分，电力更多地消耗在支持通信协议的终端。

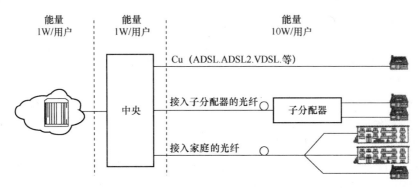

图 4.8 地面网络中的能量开销

因此，在本地环路可以节省很多能耗，在终端用户更能节能。核心网络缺乏能量供应可以得到改善，但实际上终端能耗可以得到最大改善。

图 4.9 是《阿尔卡特朗讯》杂志的一项研究中提出的，每个用户的平均耗电增

加，仅考虑技术，研究结果最大限度地减少电力消耗。

此图中我们可以看到，若减少个人计算机能耗的工作没有进展，则曲线变陡峭，每个用户达到120W。若目前的研究要投入实施，则每个用户的能耗不会增加，反而大多数情况下应该降低。平均值应该在20W左右，相比没有取得进展的情况，降低为1/6。

若把注意力转移到核心网，目前研究和开发（R&D）主要集中在两点：如何提高网络设备的能源效率和如何更好地复用资源从而尽可能多地关闭机器。

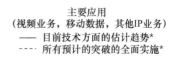

主要应用
（视频业务，移动数据，其他IP业务）
—— 目前技术方面的估计趋势*
---- 所有预计的突破的全面实施*

*前提：每个用户的传输频带消耗持续增加

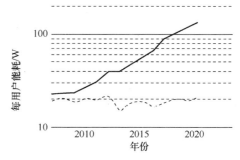

图4.9　每用户整体耗电量

第一个研究方向，问题是如何开发能够适应工作量的处理器：负载越小，处理器的速度就越慢，甚至没有负载时停止工作。同理，能耗低的电子电路也正在研究中。这无疑是最短的时间内获得最大的进展的唯一可能。

如上所述的第二个研究途径涉及共享路径的复用，使得尽可能多的机器可以被关掉，或者至少使得其进入睡眠模式。例如在夜间，网络可以在维持可接受的服务质量水平的同时尽可能地让更多机器待机。前面讨论的虚拟化，是实现分组活动的虚拟机共享节点的主要技术。当然，连接限制比较显著，且所有活动用户都必须能够连接。

至于后一种解决方案，研究工作正在围绕转发节点的实用功能展开。为了让机器停止，效用函数必须为0。本实用功能可能考虑其他节点的连通性，当然还会考虑节点间的路由问题。

对于本地环路，节能解决方案较为复杂，但观察实际所取得的成果发现效果明显。第一种解决方案按照时间顺序涉及光纤的安装，它利用了诸如PON（无源光网络）等技术，可以在单一光纤上复用50个传输用户。PON接入图如图4.10所示。PON解决方案是一种标准化技术，能以ITU-T标准框架下的EPON（以太网无源光网络）或者以太网帧的GPON（千兆位PON）的形式进行。

另一个涉及通信或者能耗的是家庭网关、电视解码器或无线接入点。这3种都消耗大概10W的功率。电视解码器最多，其次是以太网家庭网关，最后是接入点。3种加起来大概会达到20~30W的功率。新技术应该在未来几年内降低这种能耗，使得一个单一的Wi-Fi接入点降到2W，总体降到5W以下。数以万计的接入能耗减少可以带来较大幅度的节能。另一方面，新一代Wi-Fi可降低能耗，例如IEEE 802.11n标准。

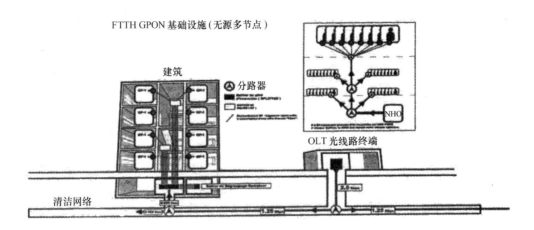

图 4.10　PON 接入点

另一种节能方法是使它们处于睡眠状态。如今，这种方案不是自动实现的，用户需要关闭设备，就目前的情况，即使是 PC 进行一个非功能性的连接时被关闭，该系统的电力消耗几乎也是相同的。停止和启用技术应该在效用函数下降到零时使得系统处于睡眠状态。显然即使系统睡眠模式时电话线仍保持活跃。

不幸的是，Wi-Fi 接入点和卡已经被设计成一个颇为相似的方式：不完全关闭的情况下几乎不可能使之处于睡眠模式。然而，如果我们看看一个典型的国内用户，他每天仅连接互联网几个小时，甚至有时不到一个小时。临时接入点通常会消耗远远超过 10W，特殊情况下可以下降到 5W 或 6W。Wi-Fi 信号功率同能耗具有相当密切的联系，且大多数国家规定其不能大于 100mW。事实上，手提电脑往往具备 Wi-Fi 发射约 30mW 的功率，智能手机的发射低于 10mW。

值得注意的是 IEEE 802.11n 接入点，甚至新一代的 IEEE 802.ac 和 af，还是会消耗大量功率，介于 20~50W 之间。

与用户交互的终端机消耗的能量远比电信设备多。移动电话连接到的折算电话网络消耗 6W 左右，调制解调器路由器约 12W，VoIP 调制解调器约 10W 左右，在非常密集使用的情况下台式计算机能耗达到 200W，在空闲模式下，50W 左右。能耗取决于输出的数量和显卡，还取决于存储器、处理器的功率和冷却系统等。给出一些示例性实例的数量级：以太网卡能耗在 3~4W 之间，显卡高达 50W，PCI 卡消耗 5~10W，一个精简的主板能耗在 20~40W 之间，内存能耗在 5~8W 之间。通过关闭这些组件，并安装低耗器件，可以节省大量的能源。从这个角度看，最有前途的方案涉及屏幕（即显示器），它可以消耗多达 150W 功率。应当指出，即使显示器待机，也不能完全消除能耗，仍然处在 1~2W 之间。

便携式计算机（笔记本电脑）可以被看做更节能的机器，它在一个典型配置下能耗大约为 25W。这个值足够现代电池持续几个小时的工作。

　　有一种解决方案是关闭网络机器或者终端机器的一部分，一次一个组件，而不是完全关掉它们。例如，一台 PC 可能只留下它的以太网卡运行，是为了接收数据以及当接收一个数据包的时候重新启动系统。该解决方案越来越受到重视。

4.5　低功耗绿色网络

　　我们已经看到，接入网是耗能最明显的网络之一。一个开始就被广泛采用的思想是应用低能耗的接入网。事实上，由于能耗在很大程度上正比于距离的二次方，我们不得不尽量减少终端之间的距离，也因此增加了接入点的数量。为此，有两种解决方案出现：毫微微小区基站和网状网络。

　　我们首先比较网状网络和 Ad Hoc 网络，如图 4.11 所示。网状网络是基础设施网络，因为它们需要属于网络运营商的机器。另一种解决方案也是可行的：Ad Hoc 网络，也如图 4.11 所示。Ad Hoc 网络是由属于最终用户的机器所组成的，并且路由软件在用户的机器上。这个解决方案在机器的异质性以及对它们的管理控制的形式上来看更为复杂。Ad Hoc 网络也可以应用在相当简单的情况下，这是因为，由于客户端本身的移动，使得确保良好的 QoS 变得非常困难。

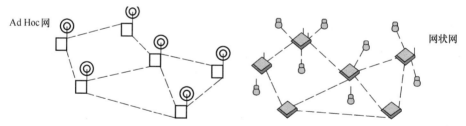

图 4.11　网状网及 Ad Hoc 网络

　　在发展中国家网状网络代表了一种优秀的接入网解决方案，在发达国家则代表了一种优秀的延长网络解决方案。这种网络的优势之一与网络的总成本有关，因为相比用 3G 天线获得的相同的 QoS，首先，网状网络的开支缩减为 1/20；其次，与用 3G 天线的能耗相比，能耗缩减为 1/100。

　　在提到网状网络的上下文中，客户端连接到网状网接入点，并且报文中的流量由一个节点传到另一个节点，直到它到达收件人或因特网接入。形成网络的节点之间不能相隔太远，以确保良好的 QoS，一个节点的能耗量可降低到小于 10W。大约 20 个网状接入点可以产生一个与 3G 天线所产生的相同的整体数据传输速率。

因此，节约能源首先与涉及的机器的实际能耗有关。第二个被广泛探讨的途径，即重叠的路径，其目的是增加可以关掉机器的数量。此解决方案中的一个例子如图 4.12所示。三端机器通过连接到 3 个接入点开始传输。然后，路由被修改，以便使用相同的Wi-Fi 接入点。因此，不再被用到连接用户的 4 台机器可以置于睡眠模式。

另一种途径的研究涉及毫微微小区基站。主节点 B（HNB）在毫微微小区基站的中心。一般地，是插入到家庭网关中的一张卡，由一个天线与移动设备相连，如智能手机。这种连接可以使用 3G 或 4G 频率，该频率是由与毫微微小区基站相关联

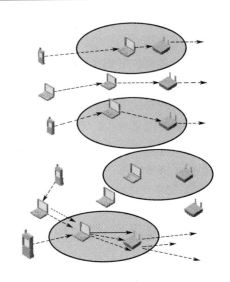

图 4.12　路径最优化

的运营商所提供。然而，我们今天所看到的趋势是用 Wi-Fi 环境来进行连接。事实上，3G/4G 频率的成本特别高，Wi-Fi 的广泛使用提供了一个繁琐度小得多的解决方案。

处理数据流的解决方案之一是建立一个 Node B 的（HNB）的网状网络，通过光纤或者可用的 ADSL 连接，这些连接是从发射机起始的一个或几个跳跃，然后将数据包发送出去。在图 4.13 中，我们已经说明了这种类型的解决方案。此图显示，操作者可以引入没有直接连接到核心网络的家庭网关，通过网状网络到位于一个或

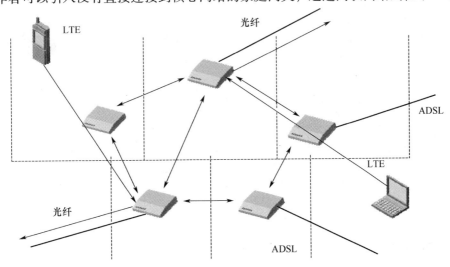

图 4.13　HNB 网状网络

几个跳跃远的光纤进行连接。启动和停止技术可以在因特网的效用函数下降到零的时候自动关闭它们。

另一种解决方案是下一代热点(NGH)接入点，基本上与前一个方案相同。这些都是由电信运营商处理的 Wi-Fi 接入点，它们很像 3G/4G 天线。从电力消耗的角度来看这种解决方案的优点包括和以前相同的原理：用户和接入点之间的距离越短，所需的电量越少，更多的 NGH 接入点可以作为中继器，最后，节点可配置启动和停止功能来大大减少能耗。这些接入点符合 IEEE 802.11u 标准，其目的是方便连接，这与使用 3G/4G 天线完全相似。因此，从用户的角度，Wi-Fi 接入点和移动电信网的一个天线之间不再存在任何差异。

4.6 虚拟化在"绿色"技术中的角色

我们已经谈到了虚拟化在下一代电信网络中的重要性，以及在节能效果方面的一些问题。在本节中，我们将回到这些问题，并对其在不同方面进行更详细的研究。首先，让我们回顾一下，虚拟化创建了一个在以前是一种硬件的软件版本。硬件提供服务的功能是以软件的形式描述的，必须在一台足够强大到能与以前硬件性能相匹配的机器上执行。虚拟化技术的局限性出现在极端的情况下，这时候物理机功率不能再用等效软件包进行匹配。随着大规模数据中心的出现而带来的曙光，在性能方面的这种限制在很大程度上已经被减小。

虚拟化的优势在于添加一个新的虚拟机到物理机设施。如果该物理机是非常强大的，那么它就可以承载大量的虚拟机，这项工作可以轻松地启动和停止。我们可以在物理机上加载新的虚拟机，同时也可以关闭旧的虚拟机。正如已经指出的，这种技术强化了虚拟网络的创建，通过链接同一个运营商的虚拟机，例如 IPv4 网络、IPv6 网络和 MPLS 网络等。

节能方面的增益在很大程度上与共享一个普通的物理基础设施的可能性有关。例如，几家运营商之间可以共享Wi-Fi 接入点。虚拟化可以用两种不同的方法来看待：在经典的情况下几个接入点有少量 SSID——例如，少量名字——在网络虚拟化的情况下，虚拟网络则是完全不同的。这两种情况如图 4.14 所示：上面是网络虚拟化，下面是 VLAN虚拟化。

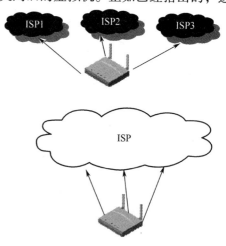

图 4.14 Wi-Fi 接入点的虚拟化

网络虚拟化加强网络建设以符合该运营商的核心网络，这些网络的协议栈完全由操作者决定。相反，在下面的情况下，不同网络之间的协议是相同的，这些网络之间彼此不隔离。

通过优化共享物理平台上的物理机及对虚拟机进行分组可以节省大量能源。通过把虚拟机组合在一起，可以将数据中心变成通用的物理机器。然后节能就被推到一个新的水平：在数据中心的服务器可以被关闭。一个更高的水平是将跨越几个数据中心的虚拟机组合在一起，以便关闭尽可能多的数据中心。为了进行这种虚拟机转移，由互联网工程任务组（IETF）发布的标准提出了两种有很大不同的协议：TRILL 和 LISP。

TRILL（多链接透明互连）使数据包在没有初步配置的两台机器之间传送，即使期间可能会有循环，传送依然是完全安全的，程序支持单播和组播协议。TRILL 使用 IS-IS（中间系统到中间系统）作为链路静态路由执行此任务，并且通过使用一个包含一些跳跃的头对流量进行封装。TRILL 使用的机器被称为 RBridges（路由器桥梁）。TRILL 支持 LAN（局域网）多接入——接入链路有几个与 RBridges 连接的终端。

我们还可以把虚拟机从一个数据中心运到另一个。IETF 倡导用定位器/ID 分离协议（LISP）来处理这些大量数据的传输。

定位器/ ID 分离背后的基本思想涉及的网络体系结构结合了两个功能：路由定位器（网络附件）和 ID（"是谁？"）。分离架构的支持者推测，这两个函数的分离提供了许多优势，包括大大改进路由。这个分区的目的是提高路由空间定位器的效率聚集，以及提供身份空间的永久标识符。LISP 也支持不同的 IPv4 和 IPv6 的地址空间。然而，应当指出，在 LISP 语言中，事实上 ID 和定位器都是 IP 地址。标识包括两个方面：一个"全球性"、独特的字段，该字段标识网站内一个特定的接口，以及一个"本地"字段，该字段在一个站点内标识一个特定接口。"本地"领域可分成两个部分以确定在一个网络中特定的网站。对于一个给定的标识符，LISP 将一套定位器与标识符的全球字段相连，它可用于封装以得到接口的身份。这样做的结果是，当主机从一个站点移动到另一个站点时，或者每次在同样的站点中从一个子网移动到另一个子网时，该主机可以改变其标识符。作为一般规则，相同的 IP地址将不被用作标识符，以及在相同的 LISP 环境中也不用作定位器。

我们可以看到，现代网络世界将完全虚拟化，其中虚拟机，更具体地说，是虚拟资源，将被最佳定位以便关掉尽可能多的服务器（或数据中心）。

4.7　小结

电信网络需要大量的能量来实现其功能，当数据传输速率增加时，它们的能耗也快速增长。如果我们不小心，在 10 年内，它们产生的碳足迹可能从 2% 增长至

20%。幸运的是，众多的解决方案正在被实施以试图阻止该比例增长过快。其中，我们已经讨论过的解决方案有虚拟化技术，它不但能使复用变得更合适而且可以关闭无用的物理资源；低耗接入网络，其能源需求大大低于现在的典型能源需求；网卡，可以从中央处理单元(CPU)中解耦以便必要时将其关闭。

我们可以预见还可以实现很多突破，考虑到现在为止没有更为显著的解决方案。或多或少，可能会被引用的一些先进技术有：数据和数据包处理器，其速度可以在一定程度上适应负载；有时用于在外部传输正常无线电频率，以实现更高的数据传输速率以及更低能耗的新技术；更高程度的复用；低耗记忆；用来回收能量的热回收等。

4.8 参考文献

[GOM 06] GOMEZ J., CAMPBELL A.T., "Variable-range transmission power control in wireless ad hoc networks", *IEEE Trans Mobile Comput 6*, p. 87-99, 2006.

[GUP 02] GUPTA P., KUMAR P.R., "Critical power for asymptotic connectivity", *37th IEEE Conference on Decision and Control*, p. 1106-1110, 2002.

[GUP 07] GUPTA R., MUSACCHIO J., WALRAND J., "Sufficient rate constraints for QoS flows in ad-hoc networks", *Ad Hoc Networks 5*, p. 429-443, 2007.

[MAR 12] MARTIN S., AL AGHA K., PUJOLLE G., "Traffic-based topology control algorithm for energy savings in multi-hop wireless networks", *Annals of Telecommunications*, vol. 67(3-4): 181-189, 2012.

[ODO 09] ODOU S., MARTIN S., AL AGHA K., "Admission control based on dynamic rate constraints in multi-hop networks", *IEEE Conference on Wireless Communications & Networking Conference (WCNC)*, p. 1956-1961, 2009.

第5章 绿色通信网络中的认知无线电

5.1 引言

认知无线电网络正成为用于通信和管理日益稀少的无线资源的新概念[AKY 06]。它的目标是利用残余频谱中的带宽。事实上，最近的一些研究突出了不等和次优使用的无线电频谱，强调某些波段——尤其是免费波段逐渐变得过载，而大部分人仍然在使用的事实[FCC 02]。在此文中，认知无线电已作为一种先进技术被提出。当授权用户(称为主用户)对授权频率没有进行占用时，它能够利用这些剩余频带；并且在主用户接入信道时，它能尽快地主动释放该信道。为了做到这一点，认知无线电依赖的软件无线电(SDR)，能够实时地动态切换到一个特定的信道频谱中，并在该信道上进行传输或者"感知"等活动。认知无线电技术增加了具有智能性(Intelligence)、学习性(Learning)和自适应性(Adaptation)的软件层(见图5.1)。这要求无线设备具有实时预测可用频谱和做出适当决定的能力。

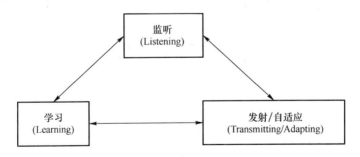

图 5.1　认知无线电工作模型

由于具有自适应和动态选择频谱的性能，认知无线电的运用能够使得无线设备更加高效节能。目前，扩大绿色能源通信网络的概念成为不可避免的需求。根据最近的研究表明，信息与通信技术(ICT)基础设施能源消耗占据了世界能源消耗的3%。而ICT领域所排放的温室气体占全球的比例粗略估计为2%，为减少该领域温室气体的排放，需要一个长期的努力。这一结果与航空运输产生的 CO_2 比例类似。在保持相同服务质量(QoS)的条件下，减少通信技术的能源消耗，就必须提出新的传输技术和优化协议。在本书中，无线接入技术由于 Wi-Fi 和 3G/4G 技术的迅猛发展，该技术得到了广泛应用——是构成这种消耗的主要来源。这体现在这类网络基础设施的大量安装，以及通信设备中电池的使用，如智能手机。所以，为了确保"绿色"通信，很明显优化布置和协调不同设备的功能是一个值得研究的方向。此外，为了延长电池的使用寿命和减少充电周期，必须优化或者协调这些无线设备接口的运作。认知无线电能灵活地满足这些要求。

各种与绿色能源网络相关的举措已经以联盟、研究行动和合作项目的形式提出。这些方案中最著名的要属绿色联盟(GreenTouch)[GRE b]，它们的目标是千倍的提高 ICT 的能源效率。该联盟提出能源高效利用的通信架构的截止时间为 2015年，以表明该增益是可以实现的。其他的联盟集中于无线网络，尤其是最新提出的认知无线电([COG]和[GRE a])。这些联盟的目标是分析、定义和优化无线网络和通信的能源消耗。尽管如此，这些工作，尤其是绿色认知无线电的应用，仍然处于初步阶段。与此同时，许多已发表的文献，为认知无线电的绿色技术提供了方向[PAL 09;GUR 11]。在本章中，我们综述主要先进成果并提出未来的研究方向。

本章其余部分安排如下：在 5.2 节中，详述认知无线电的概念及介绍一些该领域的组织和联盟。在 5.3 节中，我们给出了关于"绿色"认知无线电的不同定义。接着在 5.4 节中，提出了运用认知无线电的绿色解决方案。在 5.5 节中，给出了一个具体利用这些方案的实例。最后在 5.6 节中，我们进行总结和指出未来的宏伟蓝图。

5.2 认知无线电：概念和标准

不像光缆和光纤等其他传输媒介那样，无线支持是难以扩展的。确实，够通过无线传输的方式获得的数据传输速率在理论上是有限制的。电路容量支持只需尽可能多的电缆，而且易调整。但是同样的原理对于无线传输来说就不适用。因为数据传输速率在理论上有一个明确限制，所以尽管无线传输具有最高效能的编码技术，但是也只能提供受限的数据传输速率。

面对日益饱和的免费频谱带宽和最近的 3G 带宽，显然提高数据传输速率的唯一方式就是累积频谱带宽到其他频段。2002 年 FCC 的研究报告结果引发了对认知无线电的研究。从那时候起，相当大的努力已经付诸实施，同时许多标准也已制定出来。然而，在该项技术实现和应用于世之前，还有一些困难需要解决。首先，在保障授权用户优先使用信道的情况下，可利用的频谱带宽的积累和认知用户与主用户的共存是运营商所面临的首要问题。显然，运营商反对共享他们购买到的频段，也不愿意在没有实际保障的条件下卖给有机会接入信道的用户。问题开始迅速转移到运营商发现自己也正面临着在已分配的频段上的数据传输速率问题。其次是定义经济模型，这将能够推动这项新技术的发展。在该领域的专家学者正致力于研究出一个能使得认知用户和运营商双赢的模型。

5.2.1　标准化的发展

许多标准化尝试伴随着认知无线电的出现。一些组织已经提出了规范和标准；其他原创性的还处于前期准备测试阶段。下面概述一些突出成果。

——国际电信联盟（ITU）世界无线电通信大会（WRC），每 3 年一次，它们致力于应用新的技术和应用对频谱资源进行系统的管理。下一届会议在 2012 年召开，它将根据 ITU-R 的研究结果，集中于软件无线电和认知无线电。

——美国联邦通信委员会（FCC）宣布找到 500MHz 的高速数据传输速率通信的额外频谱带宽。至今，仅仅 25MHz 已分配。尽管如此，FCC 将在授权用户没有较高优先级接入已分配频率条件下，防护更加灵活的应用频谱。

——IEEE 802.22 WRAN 标准组，在认知无线电一文中制定了一个最成功原始的标准。该标准指出运用模拟和数字电视带宽和传声器带宽组成的局域网络覆盖半径 100km。发布于 2011 年 7 月的标准提出了在局域网络中应用认知无线电基础设施模型的框架结构。

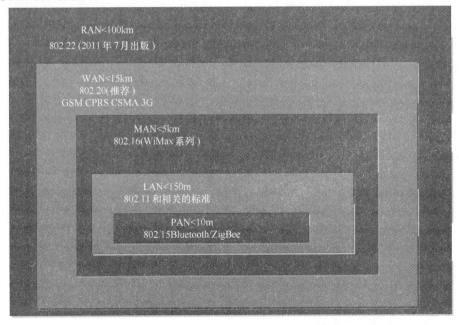

图 5.2　IEEE 无线标准

——IEEE SCC 41(原来的 IEEE 1900)标准组，是一系列的关于动态频谱接入的网络标准，它是由标准化会议制定的。该工作组主要任务是提高频谱利用率，控制干扰水平和优化与协调不同的无线技术，包括信息管理和分享。这个工作组由7个成员组成，每一个都关注一个特定技术方向。

——因空闲电视频段(White-Fi)而众所周知的 IEEE 802.1 af 的工作组，最近提出了允许 IEEE 802.11 工作组经营空闲电视频段。这个标准提出运用地理数据库进行可用频带的信息集中化。因此，在每次传输数据之前数据库都要被访问。由于在宽带上传输，新标准允许更高的数据传输速率。利用技术手段可以实现在非连续信道上传输数据。

这里还有其他标准化尝试，但是鉴于其影响力不大，就不在本章中进行阐述了。

5.2.2 研究项目和成果

大多数受资助于欧盟组织的项目已经注意到认知无线电的研究，并尝试提供经济模型、技术原型和批准平台。下面，对相关的原创成果进行简要概述。

——LICoRNe(2010—2013)：该项目受法国国家科研署(Agence National de la Recherche, ANR)资助，该项目为了给在多热点的认知无线电网络中的用户提供不同服务的工程研究。项目计划通过基于软件无线电(GNU Radio)的认知无线电平台测试，验证其解决问题的优越性。此外，无线运营商网络的特殊场景也是测试的对象。

——SENDORA(2008—2010)：这个欧洲项目组织(ICT-FP7)的主要目标是采用特殊的传感器，探测无线频谱中的传输机会。这些传感器的功能是帮助认知无线电节点探测到可用带宽，以避免对主用户网络的任何干扰。

——CREW(2010—2012)：这个欧洲项目(ICT-FP7)的主要目的是建立一个开放的认知无线电测试平台。项目中，配置了5个开放平台，每个平台由一个团队管理，同时还能进行主机实验。CREW 正尝试在这5个平台上运用通用软件无线电平台(USRP GNU radio)，用因特网把平台相互连接起来。

——QASAR(2010—2012)：这个欧洲组织(ICT-FP7)的目标是减少认知无线电理论研究与现实世界中的应用之间的空白。其中一项任务就是研究经济模型，另外一个就是研究本领域的标准。

——CROWN(2009—2012)：该欧洲组织试图通过提出高效的频谱利用技术，使得认知无线电在技术和经济上都具有可行性。该项目提出建立一个演示平台，用来测试。该项目的最大优势之一就是通信管理局(Ofcom)是该项目的合作方。Ofcom 是英国负责管理频谱的组织。

——QoSMoS(2010—2013)：该项目的主要目标是开发认知无线电平台，设计出实际产品。合作企业测试该平台在电视空闲频点的应用。

——SACRA(2012—2012)：这是另外一个尝试设计认知无线电设备和算法的认知无线电项目。他们的设备和算法能够促进在几个不同无线电频段上同时进行通信。

——FARAMIR(2010—2012)：这个项目主要通过测量运动的方式描绘出频谱使用特征。因此，他们聚焦在大规模测试技术的提出以及抽样和对已获得的大量数据的利用。

——C2POWER(2012—2012)：这是另外一个欧洲项目，他们尝试认知无线电在无线网络中减少能源消耗的探索。主要想法是通过探索不同认知用户间的合作，来减少能源消耗。因为合作能够帮助聚合可使用的频带，以及每个可用频段的发射功率信息。该项目的工作主线是找到一种能说服用户进行合作，同时分享优化能源消耗信息的激励手段。

其他项目，例如 CogEU 提出利用软件无线电和认知无线电的概念，但是这都是在有限的空闲电视频段范围内。

5.3　认知无线电中的各种"绿色通信"定义

当今，在认知无线电环境下，存在许多针对"绿色通信"的不同定义。主要因为这是一个非常新兴的领域。该领域在达到一致同意和草拟统一术语之前，还需要某种程度上的完备性。更特别的是，这 3 种认知无线电的定义都与受认知无线电设备功能影响的特殊参数有关，即动态地选择哪个信道进行传输。值得注意的是，某些定义并不是完全排斥的，它们在一定程度上是联系在一起的。它们本质上直接或间接地认为传输功率受制于认知无线电设备。

5.3.1　减少无线电频谱污染

无线设备使用的扩展备受青睐，加载到多种频率的噪声已达到创纪录的水平。这种污染会达到某些关键频段，这是明显而又现实的危险。由于其动态使用信道，认知无线电采取在某些关键频段上选择在不太忙的频率传输的策略，能够减少污染。这种智能技术，甚至可以在最重要的信道间保持一个安全界限。正如图 5.3 所示。

5.3.2　减少个人暴露

绿色无线网络的另一个目标是控制个人的电磁波暴露情况。无线传输及电波对人的健康的影响已经激辩多年。这表现在反对新的发射天线安装在市区。在某些方面，通过促进波段上的即时通信的参数(例如发射功率)改变的动态适应，认知无线电可以限制个人接触到无线电波的程度。

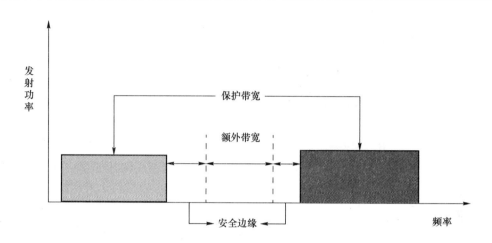

图 5.3　由于认知无线电的存在使得可以保护敏感频带

5.3.3　减少设备能耗

这个定义对应于今天普遍认同的传统绿色技术观念。事实上，通过优化其功能模式，或者将它们关闭，减少机器的能耗，有助于增加使用寿命，延长充电周期。

特别是认知无线电，它提供在每个所选择的频率的发射功率的控制。很明显，发射功率越低，能耗就越低。然而，如果我们减少发射功率，数据传输速率和覆盖半径都将受到不利影响。通过选择正确的频段，认知无线电技术可以优化这 3 个参数，同时做到改善能源消耗的目的。这些折中将在本章进一步详细阐述。

5.4　认知无线电中的"清洁"方案

在本节中，我们将讨论认知无线电的解决方案，可以应用在绿色通信服务中。我们还强调持续推行的措施及有关这些解决方案的研究项目。

5.4.1　频谱和健康的解决方案

没有工作一直致力于使用者的健康方面的认知无线电绿色技术。这里我们特别引用 Palicot 团队的成果［MIC 10；PAL 09］，他们强调使用全向天线的无线终端的不利影响。这使得人体，尤其是头部暴露在高能量的电磁辐射中。该参考文献提出了以减少正在使用的频段的辐射的暴露，特别涉及定向天线使用的意见和建议。事实上，这里似乎需要动态地配置信号发送的天线方向、发射功率和其他物理参数等。然而，这样的自适应性——虽然在认知无线电技术上是可行的——可能在移动用户或传输信道属性时刻变化的情况下是非常难实现的。

5.4.2　设备/设施层面的措施

可以通过直接作用于通信基础设施达到显著降低能耗的目的。我们坚信认知无线电允许我们限制活跃的基站数量，同时也可以重新配置它们，以便利用特定的频率。例如，在某些情况下，仅仅保持激活一个片区的无线设备并关掉其他所有的接入点或许更有利。在这种情况下，希望进行通信的终端(配备认知无线电技术，因此，能够使用不同的无线电频带)将使用可用频带。然而，无线电活动的增加将需要其他接入点在覆盖的区域内启用。为了减少对现有基础设施的工作量和负担，很显然，这些接入点将必须运作在非活跃的频段上，而不是网络中已经活跃的频带。图 5.4 和图 5.5 说明了这一点。

图 5.4　访问点活跃(AP1)；三个用户使用相同频带

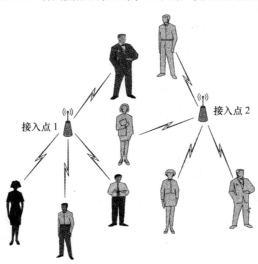

图 5.5　新用户出现；接入点 AP2 开始在其他频段上发射

目前，无线通信基础设施的行为方法已经在研究项目成果中提出来了。

EARTH 项目[EARTH]在这一领域是最知名的组织。具体而言，该项目旨在减少能耗，以适应无线基础设施。为了做到这一点，提出了利用新的技术（如 MIMO）同时要求做到不同的终端、功率控制和小区再分配之间的协调。EARTH 没有明确引用认知无线电的技术能力和减少通信基础设施能耗的作用。

5.4.3 通信参数的优化

在更小的时间尺度上，通过最终用户终端的实时干预，也可以减少能源消耗。这可以通过使用能够动态自适应通信参数的认知无线电协议来实现。接下来，我们详细地阐述能够减少能耗的设备的关键参数的优化。

1. 带宽和容量

根据众所周知的香农-哈特利定理（Shannon-Hartley Theorem），信道传输容量（bit/s）不仅取决于信道带宽 W（Hz），而且取决于传输链路上的信噪比（S/N）：

$$C = W\log_2(1 + S/N)$$

此公式清楚地表明，信道容量与带宽（W）呈线性关系，与发射功率成对数关系。事实上，发射功率越高，信噪比就越高，但是更高的传输功率也意味着更严重的电池寿命消耗。这一观察结果表明，为了提高数据传输速率，优选增加带宽；由此，数据传输速率的增加将同等水平地增加能源消耗。因此，对于相同的数据传输速率，通过降低发射功率的同时增加带宽就可以降低能量消耗。

Grace 等人[GRA 09]进行了更深入的研究。更具体地说，他们推导出了移动终端的电池寿命、带宽和数据传输速率之间的直接关系。该文中也指出基站收发器的发射功率对相邻小区终端的能量消耗有着负面影响。从理论上讲，无线接入点的发射功率越高，对非接受者产生的干扰就越大，同时相邻小区的终端越多，为保持相同的信噪比，他们势必会增加自己的发射功率。这会导致终端的寿命受限。认知无线电利用小区中的不同频段来缓和这种现象。

2. 带宽、发射功率、距离和数据传输速率之间的权衡

为了减少能量消耗，认知无线电必须在带宽、发射功率和容量（数据传输速率）之间进行复杂的权衡和优化。正如上面所解释的，如果发射功率减小，通信数据传输速率也会下降。虽然可以通过在大多数正在使用的频带下增大其信道带宽得到一定补偿，但是这样做的机会是不存在的。此外，众所周知，由于抗衰减和干扰性，低频率信道的传输覆盖距离更大。具体而言，如果两个节点放置在给定使用频率范围外而彼此分开，那样的话该终端可以在发射功率不变的前提下，使用较低的频率进行通信。相反，这种条件下的通信数据传输速率肯定会更小，因为在低频上传输时，带宽会减少。

因此，这证明了采取认知无线电技术可以确保"绿色"通信。认知无线电技术能够动态适应所有的传输参数。在图 5.6 中表示出了不同的参数。该图中，认知

无线电终端 A 选择较低的频率(F_1)，以及较低的发射功率，可以实现与选择较高频率且发射功率的终端 B 进行等价距离的通信。这说明了一个事实：认知无线电动态地选择低频段，可以增加机械的寿命，营造一个绿色网络。然而，这个寿命的延长是以获得的数据传输速率为代价的。当选择的最小的频带能够保证满意的数据传输速率进行通信时，这个约束就不是一个问题。然而，在某些情况下，所需的数据传输速率不能保证使用较低频率[参见香农(Shannon)的公式]。很显然，旨在通过调制、编码、天线和其他通信物理参数的优化确保更高的数据传输速率的研究工作在未来是很有意义的。

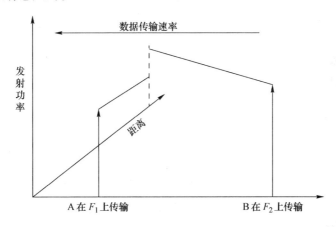

图 5.6　认知无线电的权衡

5.4.4　未来研究途径及展望

由于使用认知无线电的绿色通信研究仍处于起步阶段，下面我们提出一些未来可能被应用的观点和想法。在实际应用中，这些解决方案与前面详细介绍的单一研究方案相结合，最终提供一个完整的解决方案。

1. 利用多跳和移动性

可以利用多跳传输降低某些设备的发射功率，从而降低它们的能耗。这样中间节点能够发挥中继作用，在无需增加发射功率的条件下，扩大传输范围。这些解决方案可能被认知无线电利用来增加网络寿命。如果不同节点之间的协作技术(终端和基础设施)落实到位，这个策略可以更有效。协作使我们能够从先前与邻近节点的通信状况获得经验，从而减少能耗。然而，在多跳网络中，绿色解决方案也可以用于路由和消息的途径选择层面。

未来的解决方案还必须利用用户的移动性，作为降低其能源消耗的一个因素。在实际应用中，认知无线电存在两种类型的移动性：

1）部分用户物理位置的移动；

2）可利用频段的移动性。

这两种类型的移动性定义了由一个认知无线电节点观察到的邻居和拓扑结构。换言之，两类节点被认为相邻有两种情况：物理位置接近、使用至少一个共同频段。积极利用这两种移动性可以降低能源消耗。例如，如果一个接入点意识到接收者的移动性，它可以在接收者更短的物理距离或进入一个低频段的环境下，给它发送消息。这使得发射端以较低的功率发送，并因此减少其能耗。

2. 跨层技术

在所有无线网络中，为确保认知无线电的绿色通信必须要使用跨层技术。事实上，这些技术要求同时作用于几层协议栈并优化多个参数。然而，认知无线电中大量的自适应参数让跨层技术变得更加复杂。

特别是，为了提出绿色解决方案，必须同时满足多个要求：

——直接作用于设备上：切换到或者保持在待机状态。

——改变物理层参数，如所选择的频率、带宽、发射功率和调制方式等。

——适应取决于正在使用的频率的信道接入协议。事实上，MAC 层的性能也关联到底层信道的属性。

——利用虚拟化技术来改变技术设备的作用或功能模式。因此，如果该新技术利用的频带有利于减少能源消耗，为了使用不同的技术，基站可以重新编程。

图 5.7 描述的是提供绿色通信的认知无线电技术的跨层方案。

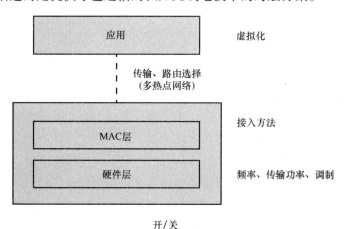

图 5.7　绿色技术的跨层方法

最近，C2Power ICT/FP7 项目［C2Pow］试图在一个"完整的跨层"（full cross-layer）方案中使用认知无线电，其中每一层都要满足各层的绿色通信约束。因为大有远景的项目仍处于初始阶段，所以具体的解决方案尚未提出。

3. 畅想绿色通信

我们所说的主要愿景就是"畅想绿色通信（think green）"。它的目的是找到可维持复杂性的有效的认知无线电解决方案。换句话说，在他们的心中或从他们的观念中提出的解决方案，被设想为绿色能源，而不是适应现有技术。这将使我们能够将绿色通信作为主要约束，避免它作为一个二次约束加到系统中。毋庸置疑这个宏伟蓝图必须是全局性的，必须是跨层的。

这些努力还必须考虑到社区间的认知无线电技术。事实上，因为必须要使用跨层方案，认知无线电能够同时影响几个研究领域。在信号处理、计算和物理层技术中，需要同时提供绿色技术手段。这一新的研究领域，将在社区服务环境下整合不同领域的研究成果。

5.5　应用案例:"智能建筑"

未来建筑一定会包含越来越多的智能设备。这些设备将消耗大量的能源。在高环境质量（High Environmental Quality，HEQ）住房建设领域，非常有必要减少通信设备的消耗。通过建立不同技术组件之间的协作和引进新方法我们可以解决这个问题。而新方法的实现则多亏了工于优化通信基础设施和抑制无线电波辐射的认知无线电技术。下面，我们提出一些特别值得一提的研究途径：

——在智能建筑（见图5.8）中，通信基础设施将使用认知无线电技术动态地置自身于睡眠状态。仅有一个服务将保持活跃，该服务很可能在耗能最少的频率上。因此，如上面详述的，用户在可用频段上保持同步以用于通信。由于虚拟化技术的最新进展，可以直接作用于无线基础设施。同时，家庭基站（Femtocell）技术——通

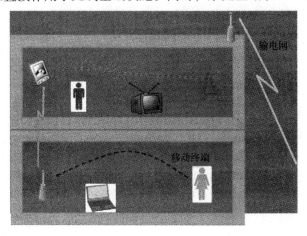

图 5.8　认知无线电的智能建筑

过直接在用户家里安装一个微型基站(mini-BTS)，从而减少 GSM/3G 基站的发射功率，实现在智能住宅中使用绿色能源的较佳备选方案。因此，在一个单一的硬件装置上模拟几台机器的事实意味着一个本地 GSM 基站(家庭基站)本身可以作为一个 Wi-Fi 接入点在睡眠模式下重新配置。显然，考虑到用户和其终端的位置和移动性，接入点的位置、所使用的频率和设备的接通或关闭都必须进行优化。

——在未来通信技术中，终端能够动态地调整其通信参数，从而减少能源消耗。实际上，为了节约能源，认知无线电是可以改变所使用的频带，修正调制方式和发射功率的。这涉及对数据传输速率、带宽、距离权衡的优化问题。当在建筑的不同楼层有着大量的可以动态配置的终端和接入点时，这个看似简单的操作可能会变得很复杂。众所周知本地配置对相同频率的邻近通信有一定影响，因而必须使用快速而强大的算法。

——建筑物内的居民的流动性应被利用来进行绿色通信。通过记录不同个体的运动形式就可以预测他们的行为。当智能使用时，这样的预测可以建立一个同一水平接入点指向利于访问的低能耗接入点的设置。例如，接入点会优先考虑用低频率传输到附近的目的地，其他通信情况则依赖于终端的未来位置。

——在本书中的智能建筑，它也可以通过调节认知无线电设备，监控居民的健康和辐射程度。通过跟踪用户的运动，基站可以调整和选择它们的工作频率，从而达到限制个人暴露的辐射程度的目的。事实上，一个用户同时被工作在相同频率的几个接入点所覆盖的情况是不可取的。然而，在不同频段的辐射暴露可能也有益处。因为它使用户能够选择最节能的频率。

——"智能电网"或智能电气网络和认知无线电技术为智能建筑带来了有趣的前景。实际上，采用认知无线电技术，我们可以互连新一代电力计数器，然后实时地将收集到的信息输送到能源供应商进行能耗优化。目前，电力供应商正在认真研究这个问题，并在显著减少能源消耗方面显示出巨大的潜力。

这里给出的建议仍需深入探讨是否适用于认知无线电绿色能源设施环境。

5.6 小结

认知无线电最初是作为一个解决无线通信中无线资源匮乏的方案提出来的，其基于频率的动态和灵活分配。正是由于其灵活性和对通信参数的自适应能力使得我们可以减少能耗并将无线网络变成一个节能先锋。在这一章中，我们提出了一些能让无线通信更高效的方法。解决方法包括利用认知无线电的再配置和自适应特性，节点间的协作，以达到信息共享和任务划分的目的。

我们相信，认知无线电带来了提高网络寿命、减少能源消耗的重要机会——在信息和通信技术领域，这些都是非常重要的制约因素。然而，为了使得这种方法产生预期的结果，用户之间必须进行合作和妥协。事实上，用户必须同意与其他用户互动和合作，甚至有时必须接受较低的数据传输速率。显然，认知无线电提供了一个难得的机遇，但需要所有人共同努力去抓住这个机会。

5.7　参考文献

[AKY 06] AKYILDIZ I., LEE W.Y., VURAN M.C., MOHANTY S., "Next generation dynamic spectrum access cognitive radio wireless networks: a survey", *Computer Networks*, vol. 50, Issue 13, p. 2127-2159, 2006.

[FCC 02] FCC, Spectrum policy task force report, ET docket, no. 02-155, November 2002.

[GRA 09] GRACE D., CHEN J., JIANG T., MITCHELL P.D., "Using cognitive radio to deliver green communications", *IEEE Crowncom*, Hanover, Germany, August 2009.

[GÜR 11] GÜR G., ALAGÖZ F., "Green wireless communications via cognitive dimension: an overview", *IEEE Network*, vol. 25, Issue 2, p. 50-56, March-April 2011.

[MIC 10] MICHAEL N., MOY C., ACHUTAVARRIER V., PALICOT J., "Area-Power tradeoff for flexible filtering in green radios", *Journal of communications and networks*, vol. 12, Issue 2, p. 158-167, 2010.

[PAL 09] PALICOT J., "Cognitive Radio: An Enabling Technology for the Green Radio Communications Concept", *ACM IWCMC'09*, Leipzig, Germany, 21-24 June 2009.

网址

[COG] Wun Cognitive Communications initiative: www.wun-cogcom.org.

[EAR] Energy aware radio and network technologies: www.ict-earth.eu.

[GRE a] Greenet: an initial training network on Green Wireless Networks: www.fp7-greenet.eu.

[GRE b] Green Touch initiative: www.greentouch.org.

第6章 自主绿色网络

6.1 引言

自主网络是一种能够自动重新配置自我(自我配置),不断改善自身功能(自我优化),检测、诊断并修复系统的软硬件(自我修复)并且保护自己免受攻击和级联错误(自我保护)的系统。通过人工介入为网络提供高级别指令来指挥网络的方式具有局限性[KRI 06]。从最简单的元件到最复杂的信息系统,这种自我管理方式都能应用其中[KRI 08]。

绿色网络的目的是减少碳足迹,这些新的功能可以为其提供更有效的保证和更友好的环境,即使是在复杂多变环境下。

6.2 自主网络

当今网络系统日益复杂,人工介入的成本越来越高,自主网络就是为了应对这种趋势,进行自我组织而无需人工介入的新型网络系统,同时它为未来普适的计算需求奠定了基础[KRI 06]。因此,除了高级别指令和目标外,自主网络无需人工介入,而能够进行自我管理,其对管理员隐藏了系统管理和控制的细节。因此,自主网络的概念被生物界广泛应用——尤其是自主神经系统,正是由于其规则才赋予这个名字[HOR 01]。自主神经系统是人体一系列无意识活动的根源。神经系统负责心率的调节、脉搏的跳动和其他重要的功能。正如人体具有的自主神经系统,一个具有自主功能的网络系统必须可靠、可用、安全、能存活、不易受攻击且易于维护[STE 03]。归根到底,这种模式的目的是归纳和总结出所有利于实现自主网络的方案[KRI 06]。

自主管理的架构最早由IBM通过(Autonomic Computing Initiative,ACI)提出。在这个架构中,最核心的元素就是自主元素。如今,继IBM的提案[JEF 03;JAC 04],关于自主网络架构有很多提案[AGO 06;ATU;ANA;4WA]出现,但是至今没有标准。

在一个自主环境中,网络的组成部分必须按照以下自组织功能(也叫自功能)实现:

——自我配置;

——自我修复;

——自我保护;

——自我优化。

这些自我功能是一个自主系统在其环境中进化的核心。很多其他自主系统被定义；最典型地，我们可以引用自适用、自组织和自感知，这些技术常应用于环境感知领域。因此，自主系统必须在生产、应用和传播信息中得以发展。

自我感知为实现自动化增加了另一层次的复杂模型：信息管理。"信息平面"是指与信息管理相关的所有领域。它首先由 Clark 等人提出[CLA 03]，在自主网络中扮演着重要角色。事实上，在一个自主网络中，每个元素都必须了解自我所在环境的一定信息——自我感知——来适应自身的状态。这种信息被整体收集利用或者提供给管理员及合作者。

信息平面为网络信息的管理、交流和推理提供了基础。它通过为系统提供自动获得经验和可靠性的能力，完成并关闭"控制循环"并对发生在网络中的事件做出动态反应(见图 6.1)。

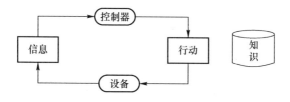

图 6.1 关闭控制循环

以下内容中，我们将描述 4 个主要的"自功能"：自我配置、自我优化、自我保护和自我修复，重点描述在绿色网络背景下各自的应用。

6.3 自我配置

自主网络具有适应环境变化和其他需求而自动配置的功能。不同于传统的管理方法——具有很多异构组件的功能复杂而需要专业人员配置的管理系统——自主系统根据操作者的指令和策略进行透明配置。策略规定了管理者要达到的目标，但是没有规定达到目标的途径和方法。新的自动元素会以透明方式加入到自主系统中，系统中剩余部分如有需要将会自动调节参数而重新配置。因此，便可避免配置错误，并且管理员只需在高级别配置策略出现问题时进行处理，从而节省出大量时间[KRI 06]。

6.3.1 绿色网络中自我配置的重要性

自我配置是一种非常重要的功能，因为它能够使一个系统根据环境变化适度调整自己的行为。其中一个目标是减少网络能耗，如无线传感器网络，系统安装后或者系统中加入新的传感器时，自组织能力可以保证有一条数据链路能耗最低。一个基于数值方法的分布式簇算法非常适合这个系统[KRI 08]。

自我配置能力同其他自组织能力紧密联系。为了使得能耗最小，优化系统性能，一个自主绿色网络必须能多次重新自我配置并避免系统中断[HOS 11；MBA 11]。当发生错误时，无论系统是正常模式的还是降级模式，为了自我修复，网络也需要重新配置一个节点或者引入更为自动化的元件以保证网络功能[YOO 09]。最后，为了自我保护，自主绿色网络也需要动态地配置自身[PER 11]。

6.4 自我优化

自我优化是自主系统中的一项必需功能[STE 03]。它应用于一个系统最优化其资源和性能的所有活动之中。这不仅仅是简单选择正确的配置参数，而且需要调整系统内部功能。

——商业限制是网络设计者或者管理员的高级目标。当系统遇到这些限制时不应做出选择或者采取行动。作为限制的一个案例，可以引用和客户订立的合同(服务等级协议)，或相关的网络类型(检测任何入侵的监控网络)。

——指标。这些参数是当遇到限制的时候衡量资源使用质量的。通常有很多参数并且它们相互依存。例如，经典的量度参数 QoS、带宽、延迟、抖动和丢包率等，是相互依存或相互矛盾的。例如通过增加核心网络节点数量以降低丢包率会增加延迟。在这种情况下，无论是显式的还是隐式的，都需要按照优化顺序定义量度。

——可用资源。满足限制条件的最简单方法就是提供给系统超出预期需要的更多资源。然而，从商业角度看，这种做法并不是十分有益。从度量角度出发，我们应该以资源利用率为标准构建一个顺序关系，并得到一个目标晴雨表，以便系统以此衡量或者评估自己的状态。因此该系统在必要的时候应该在自我评价的结果上改善自身或进行微调。

图 6.2 显示了以上所述所有概念间的关系。

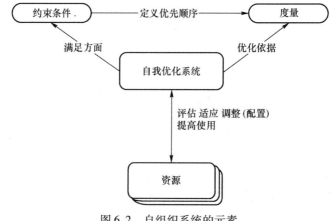

图 6.2 自组织系统的元素

自我优化也可以划分成自我调节和自我协调功能[SAL 09]。

6.4.1　绿色网络的自我优化

从绿色角度来看,自我优化可以分为三大类,下面我们将分类讨论:

——以绿色应用为目的的网络架构的自我优化;

——以绿色应用为目的的通信协议和范例的自我优化;

——以绿色应用为目的的 QoS 机制的自我优化。

1. 绿色网络架构的自我优化

网络架构是一个通用术语,指的是通过一组功能元件构建系统并在系统内相互交互以达到通信目的的体系。本节中,当我们说到网络架构的时候,我们指的是拓扑元素。换句话说,在本节中,我们认为与网络设备组织架构相关的元素(如节点的部署、通信的组织等)、技术选择(有线、无线或移动网络等),可以在系统能耗的平衡上起到作用。为了降低能耗,优化系统架构,研发项目主要发展了 3 个方向:无线局域网(WLAN)、移动网络(GSM 及升级版)以及云数据中心。

研发中心在无线网络架构中能源管理方面倾注了大量心血[TSE 11;AMI 09;QIA 05;BAI 06]。这类研究促进了很多其他研究,如蓝牙、IEEE 802.15.4 等。然而这些技术的最初目标是自动延长新增终端的能源使用,而不是减少碳足迹。在此方案中,能源是可用服务的一种固有约束,而在绿色方案中,它是为了降低系统碳足迹的额外约束。Jardosh 等人[JAR 09]研究显示,在大多数 WLAN 中,相当大比重的接入点(AP)处于待机状态,为此他们提出了一种资源需求解决方案。Agrawal 等人[AGR 10]构建了一个关于 TCP 活动在连续活动模型(Contin uously Active Mode,CAM)或者静态省电模型(Power Save Mode,PSM)中的能耗模型。这些研究表明,在系统架构中,部署并保持服务器持续可用会导致相当大的能源浪费。这些架构的自我优化可能根据网络和不同用户的需求包含在分散式系统中,自动地调整接入点的开或闭,同时保证任何时刻都能覆盖所有用户。无线传感器网络的架构就是无线架构在能量约束下逐步显现的一个例子。还有许多以节省路径能耗为目的的优化路由策略[KAS 09;WEN 08]。

随着智能机的逐渐普及,每台安装在市区的基站和移动设备每年要消耗大概 25kg 的碳资源[ERI 07;EZR 09]。这种消耗很大程度上是由于重复地扫描搜索网络[ONG 11]。对此已经提出很多解决方案。Ong 等人[ONG 11]提出一种基于基站信息广播的预期趋同 IP 的架构,以减少终端搜索能耗。另一方面,Hossian 等人[HOS 11]提出了一种基于基站合作和智能决策的联合自我优化架构,可以根据网络的拥堵状况从一种电源模式切换到另一种。Ezri 等人[EZR 09]提出了一种绿色小区专用接收基站,使得移动基站的碳排放量最小化。另外根据[SAK 10],基站可以以高峰期为基准在睡眠模式和活动模式间切换。

随着云计算时代的到来，网络服务的碳排放主要归因于数据中心服务器和冷却系统。近年来有很多解决方案得以提出：主要思路是鼓励虚拟化的资源共享。对绿色能源所做的大量工作的目的是找到一个减少数据中心服务器能耗的解决方案。首先是内存访问的能耗问题。因此，Khargharia 等人[KHA 09]通过选择性地把硬盘待机，可以实现25%的能耗增益。还有一个云服务的体系结构[BAH 10]，由于高可用性(保障)和能源效率(优化)相互冲突构成了真正的问题。Zheng 等人[ZHE 11]提出了一种通过分配工作以优化数据中心使用的架构。这种工作分配是路由请求到最近的服务器上。

在所有这些方法中，自我优化方法，即调整减少能耗的架构是未来绿色网络方向上所有解决方案所关注的焦点。

2. 绿色通信协议和范例的自我优化

网络协议的执行也会影响能耗开支。Christensen 等人[CHR 05]表明某些协议不需要非常密集的通信。例如不管是否存在缓存，在 LAN 链接中大概有50%的数据包是 ARP 请求。网络内核中，传输占用了几乎所有的能源消耗，包括66%的 IP 路由和11%的折算网络[LYO 08；BO 11]。为此旨在减少碳能源对数据传输协议影响的研究开始出现。例如 Cianfrani 等人[CIA 10]提出一种扩展的 OSPF 协议，在网络流量较低时关闭某些链路。研究表明，60%的链路可以在不影响网络性能的情况下被关闭。Chu 等人[CHU 11]同样研究表明，通过使用 GMPLS 协议，某些路由器能够在睡眠模式下工作。在不影响正常使用的情况下最多可以减少15%的能耗。

所有这些举措表明，新一代协议必须整合自我优化的过程，同时平衡能源消耗和系统性能间的冲突。因此，必须能够在履行主要功能的同时，最大化降低系统碳足迹。

3. 绿色网络 QoS 机制的自我优化

为了尊重客户需求，网络接入服务提供商往往提供冗余的基础设施以确保高度可用性。QoS 机制应该能够逐步消除这些做法，它们几乎占了网络资源能耗的一倍。大多数 QoS 机制根目录的资源分配，也习惯过度利用资源，从而导致时间和能源的浪费。

致力于绿色 QoS 机制的研究项目仍在进行中。最重要的进展之一是 IEEE 802.11e 标准的扩展：APSD(Automatic Power Save Delivery，自动省电)[PER 10]。APSD 使用 IEEE 802.11e 标准的 QoS 机制降低信令负荷。这种机制有两种模式：不定期模式[不定期 APSD(U-APSD)] 和定期模式[定期 APSD(S-APSD)]。另一种优化 QoS 机制的方法是根据用户需求进行资源分配[SCH 11]。

正如 Liu 等人[LIU 11]指出，根据能耗自动调节 QoS 以达到节能目的将成为重要研究方向，它要求在两者之间折中平衡也成为需要克服的最大挑战之一。

6.5　自我保护

自我保护是一种能够使自主系统更加适应环境的功能。有很多环境干扰会导致自主系统非正常工作。我们可以根据 OSI 模型的不同层分类，或者按照是否受到恶意影响分类。我们认为自主系统能够在正常的运作环境下抵抗干扰。若自主系统在非友好的环境中仍然能够发挥作用（以退化模式或其他方式），我们就把这种系统称之为抗干扰系统。

以下是无线自主系统可能会面临的一些干扰：

——PHY/MAC 层：电磁/宇宙射线干扰、多径（常数或动态）、碰撞；

——网络层：重复 IP 地址、错误路由、选择性路由（拜占庭节点）；

——应用层：应用数据错误，如无线传感器网络的数据错误。

这些干扰使得自主系统不能达到最佳状态，直接或间接地导致了通信延迟及系统能耗。增强自主系统的自我保护能力，需要明确每一层的威胁，尽可能地就这些威胁提出应对的架构。

提出的解决方案可以分为两类：

1）本地解决方案：若解决方案不需要周围环境的参与，则称之为本地解决方案。因此本地解决方案不需要与外界沟通，有两个子解决方案。

——消极解决方案：若解决方案没有在自主系统中加入特别的应对干扰措施，则称为消极解决方案（如热带清漆）；

——积极解决方案：若解决本地方案需要额外的处理以检测/修复错误干扰（如纠错码），则称为积极解决方案。

2）全局解决方案：若解决方案需要多个节点之间建立协议（如合作）以减轻或解决干扰则认为该方案是全局性的。

在本节的其余部分，我们将研究干扰对管理政策的影响，然后是能源约束分析，接着是节点间通信，最后会讨论一些减少自主系统干扰的措施。

6.5.1　管理政策保护

自主系统上运行的硬件非常敏感。如果一个系统能够有效地保护自己不受干扰，就可以减少损耗，获得更长的生命周期。在极端情况下，系统将不能工作，这会导致无穷大的生产成本或降低利用率。

即时环境会影响支撑着一个自主系统的硬件的正常功能。因此定义系统目标和自我保护机制时，必须考虑干扰的影响。该干扰可能是化学因素、电磁因素或者自然界电离因素。

1. 氧化和腐蚀

随着时间的推移，任何裸露的电路都会因为氧化而降低电路质量。尤其是无线通信系统是通过电阻阻值精确计算来增加信噪比，减少丢包率。在室外，氧化现象由于温度、湿度、含盐度不受控制而更加普遍存在。为了防止氧化腐蚀，需要将电路隔离在密封的壳体内。若电路中有天线，要注意不导电以免产生法拉第效应，这可以避免天线其从其他地方接收信号。当然天线也可以在不影响通信的情况下裸露。在湿度很大的情况下，可以用热带清漆处理电路[ELE]。这种清漆是完全防水的，保护电路免受腐蚀。此外，除了保护其免受腐蚀和氧化，热带清漆还可以防止"金属晶须"的现象[WHI]。这种现象是金属表面有微型的晶须如锌或锡，其起因目前尚未可知，可能主要是物理压力作用产生的，如温度差异或者其他表面变形。然而，热带清漆的使用需要加热，在 4～8h 内达到大概 900℃，来去除湿度痕迹[ELE]。由于这个步骤非常耗费能源，碳消耗和系统的最终成本都会增加，因此只适用于特别需要的情况。这些解决方案都是受限且被动的。

2. 电磁辐射

现代社会，电磁辐射日益增多。通常是电流通过导线像天线一样辐射的结果。正如像电动机一样，这种辐射的产生是有意或者无意的。当这种辐射进入导体时，会产生电压，此电压会干扰已有的电压。若导体是电源电缆，过大的电压变化可能会导致自主系统计算错误。相反，如果导体是一条数据线，发送的那一刻电压会发生 1 到 0 或者 0 到 1 的转变。然而，这种辐射可能会因为周围环境中导体或者整个自主系统接地而停止。由此我们得出，根据法拉第定律，此系统或导体被屏蔽掉了。在有线数据传输的情况下，可以通过降低传输速度而降低错误概率，因此避免此种类型的辐射是很容易的。然而，这种保护增加了系统成本，需要更多的材料，造成的经济损失等同于相等的碳消耗。因此这些方案同样是受限且被动的。

3. 电离辐射

除了电磁辐射，电路也受到电离辐射的影响。这种辐射可能源于人类活动——特别是核活动——但也可能来自宇宙。由于距地面超过 60km 处的电离层阻挡了宇宙辐射，我们受到较好的保护；然而诸如像距离地面 330～410km 的国际空间站，受这种电离辐射的危害很大。尽管这种辐射可以解释一些软件问题，但它在科学计算中常常被忽略。令人惊讶的是，尽管我们的社会越来越多地依赖于计算机才能正常运转，但是对它的研究并不多。这个问题已经被乐点网（LEP）所讽刺，这个网站还列举了微软的研究、电子投票机的错误等。"欧洲平台高度观测试验"（Altitude SEE Test European Platform, ASTEP）项目的目的是描述干扰并评估这些干扰发生的概率。这是一个由意法半导体公司、JB R&D 公司和 L2MP-CNRS 实验室共同赞助的学术界和工业界联合项目。结果表明，这种辐射的影响主要是"位翻转"（一个位状态的变换），且 0 变 1 或者 1 变 0 的概率相同。研究同时表明，海拔和蚀刻宽度对这些翻转也产生一定影响。在海拔 2552 m，500 亿存储单元经过 9000 h 的曝光，有 60 个发生了位翻转。最常规的解决方案是使用纠错码（ECCS）内存。然而这些内存比较昂贵，一般用于服务器。海拔较高的自主系统通常比较重要，仅仅保护内存是不够的，由于数据总线和工作记录也随高度的上升而受到影响，因此也要给予保护。避免不得不设计一个耐故障的处理器的方法是在计算机系统中加入冗余，然后使用多数表决系统［SKL 76］。这些研究应用于很多高空任务，如美国的航天飞机。在硬件中加入冗余的缺点是增加了制造成本和使用时的能耗。因此，这些方案也只是应用于极其重要的系统；其他系统可以采用软件的方式检测数据一致性。防止这种辐射的方案是本地化且积极的。

4. 结论

若一个自主系统不能感知其执行需要和约束，那么它就不能保护自己免于环境干扰。同样，网络协议必须了解执行约束条件和降低碰撞风险的网络架构才能设计具有良好丢包率的协议。因此，为了选择合适的系统软硬件体系结构，我们必须知道自主系统的执行环境。

6.5.2 能源来源保护

自主系统由于主要通过自身调节而无需人工干预，因此严重受限于能源供给。这种依赖关系必须在设计阶段就加以考虑，从而使得该系统能够适应能源供给。通常需要的能源是电力能源，然后转化为能量供给。由于这种转化效率有限，因此产生了寄生能量。电力系统中，我们一般通过焦耳效应获得热量，通过黑体效应排放光子（一般红外线）。因此自主系统工作越少，耗能也就越小。

1. 能耗和温度管理

系统工作时消耗更多的能量，即系统工作越多，发热越多。若热喷射超过系统的容量，系统会冷却自身（热预算），则其温度增加而寿命降低。若温度继续升高，则系统有可能损坏。系统必须注明其功率预算（最大功率）。一旦确定功率预算，系统有固定的容量，就可以保证一定的寿命，如电池的能源供给。出于这些原因，有时候系统设计模型的能量消耗同每一个可能的行为相关联，以保证能量和热量不超过预计值。无线传感器网络的一个节点中很多组件和状态都会消耗大量的能量，但是消耗有所不同，这取决于它处于发送、接收还是睡眠模式。优先考虑某些操作、在某些操作之前增加等待时间的成本，以便系统保持能量预算是可行的。因此，解决办法是本地化但积极的。

2. 能源供给的缺失

由于系统的自动化，自主系统通常容易被遗忘。当电源供给缺失，系统不能正常履行职能，长此以往或多或少会导致系统的严重故障。因此，在电源缺失前，管理员必须设置一个警告，提醒其对其他系统有一定的影响。当断电时，状态信号约束必须是由系统管理员提供意见。事实上，无论自主系统用的是什么样的电源，总会遇到或长或短的停电时间。这种断电可能是因为电网的故障，这些破坏行为会造成系统非正常运行(拒绝服务)。通过内部存储电能防止能源供给的缺失是可行的。目前常见的解决方案有两种：

——冷凝器：低密度(约 5W·h/L)，低容量，高周期性和较强的充电/放电电流；

——电池：高密度(约 300W·h/L)，高容量，非高周期性和相对较弱的充电/放电电流。

因此，冷凝器相对适合处理短暂断电，但是其低密度的特质决定了其不能应付长期的能源中断。另一方面，电池会微弱地放电而不能长期存储能量。高密度，成本低是其关键优势。

由于所有自主系统的组件必须能够提醒管理员，以防出现严重或长期的故障，因此必须选择相关的供应系统。为了防止电源故障，自主系统必须能够执行以下操作：

——将其状态保存在非易失性存储器中，以便恢复；

——崩溃时提醒管理员及其周边系统，以便管理员可以提前知晓，保证临近系统更新路由表；

——保持自己处于睡眠模式，直到能源供给恢复再恢复状态。

考虑到耗费的时间和能量，这些操作的成本是昂贵的。每个自主系统必须有足够的机载电源，不仅可以支撑整个操作时间，还包括整个等待时间。因此，在降级模式中设置最长生命周期和能耗水平是非常必要的，如此可以提供更好的解决方案。

3. 能量感知网络层

在点对点的通信中，一个自主网络的能耗可以分解为两部分：

——发送：发射器节点上的能耗；

——接收：接收器节点上的能耗。

由于接收信息的能耗不同于发送[MAR 09]，不同节点的能耗并不均匀。对无线网络来说，发送一个消息会迫使发射器周围的所有节点都消耗能量，对该消息进行部分译码，以便识别自身是否是预期目的地址。就网络寿命来说，这种非均匀分布的能耗造成了很大的问题。为了延长整个网络的生命周期，必须尽可能降低能耗，且均匀分布。为了减少节点的能耗和干扰，降低发射器的功率是关键[GOM 07]。然而，如果节点不在范围内，信息必须通过中间节点路由。节点路由的选择一直是许多研究的目标，如 Sikora 等人[SIK 04]，而且被 Wang 等人模仿[WAN 06]。这些研究结果表明，短距离通信能耗的降低必须增加重发次数(增加信噪比)，降低不参与节点的干扰。此外，由于线性发送，发送时间随着中间节点数目的增加而增长，有关服务质量(QoS)的问题开始显现出来。一些将这些问题考虑进去的路由算法被提出——例如 Akkay 等人提出的先进算法[AKK 03]。该算法使用了一个能量成本和优化传输延迟时间以减少端对端延迟的模型，该算法还考虑了所述电源的充电水平，以便正确地分配电能消耗。

4. 将网络的一部分待机

自主系统具有高度冗余性，为保证系统正常运行，并不需要所有的节点都处于工作状态。因此，使某些节点处于睡眠模式可以减少网络的平均能耗。将这些节点置于睡眠模式必须是在不损害 QoS[ZHA 06]或者网络延迟的前提下[WAN 08]。

5. 结论

任何自主系统都必须了解自身的能源和行为，以免破坏其自身的目标期限(寿命)、热规格(能量预算/热预算)或 QoS 目标。因此，系统必须使用一个能够适应压力而保护其资源的模型。在此模型的基础之上，提出了很多处理能源问题的解决办法，主要本地化地应用于物理层，全局化地应用于网络层。

6.5.3 通信保护

自主系统要采集和处理信息。然而，创建或者接收的数据一般不会直接为用户所使用，因此必须引导给用户。仅仅保护自主系统的硬件是不够的，传输给用户的数据必须是准确的，并且尽可能地减小延迟。

1. 硬件/MAC 层延迟

(1)随机碰撞和干扰

在网络中，一般使用共享传输介质。在无线网络的情况下，当两个节点在同一时间相同频率下进行通信的时候，会产生干扰。因此，这些节点不能接收其他的通信信息。为了解决这一问题，有很多方法。CSMA/CD 的引入减少了有线网络的碰撞概率。然而这种方法不适用于无线网络，因为不是所有的节点都彼此在一定范围内。CSMA/CA 协议提出了一个能够使节点间同步，以避免碰撞的信令。另一种扩展是先进的多跳 Ad Hoc 网络[CHO 10]，这是因为需要通信的多跳分散节点应用CSMA/CA 协议会造成不必要的碰撞。

(2)多径

两个无线电节点之间通信，波形传播的物理链路可能是直射、衍射或反射。有外部干扰时，信号将被接收节点多次接收，各条路径的传播长度会随时间而变化，故到达接收点的各分量场之间的相位关系也是随时间而变化的，这种现象称为多径。根据所处环境的动态性，我们称之为静态多径或动态多径。在静态环境中，这些延迟的信号被接收的水平略有不同。在动态环境中，由于是在市区的情况下，信号传播的路径可能会部分改变。这种现象导致了信噪比的降低，因此接收质量较差。有很多解决方案可以提高信号的信噪比。这些方案可能是本地的，比如信道均衡器的使用[TON 91]；也可能是远端的，需要正交频分多址接入技术[MOR 07]或者多天线技术，如 IEEE 802.11n(MIMO Wi-Fi)[SHA 06]，其充分利用了多径效应来提高数据传输速率。

2. 对内外攻击的保护

当自主系统是为了特定用户处理数据时，垄断或者伪造成为这些人的巨大野心。这样做就会危及系统的正常运行。

(1)人工媒介攻击——恶意路由

自我配置减轻了自主网络管理员的工作量。然而，涉及路由时，攻击者可以充分利用自主功能将所有的网络通信转移到其控制的计算机。在自主网络的入侵检测中，延长这种攻击，滤出使得只有警告信息发送到管理员，使网络完全失去作用。路由安全性已经被 Karlof 等人详细讨论[KAR 03]。

(2)鉴权和保密性

接收消息时，网络节点会通过读取源 IP 地址确定该数据包的源地址。然而，该地址可能在路由时已经被修改或者伪造成不同的传输节点。因此，源数据包的身份认证不能仅仅依靠 IP 地址或者 MAC 地址。大多数认证方法基于使用本地秘密节点和对称或不对称的加密。对于能量受限较小的自主系统，目前的趋势是使用传输层安全机制(Transport Layer Security, TLS)[IEF]。TLS 同时提供保密性和真实性。非对称加密就能源和实时内存来说被认为过于贪婪[PER 02]。然而，新的研究表明，在某些情况下，非对称加密是可行的，特别是椭圆曲线加密算法的应用[BLA 05]。Wander 等人研究了能源密码学的影响[WAN 05]。

(3)损坏的应用程序数据

通过注入、路由或者简单的一个自主网络节点的发送，攻击者都可以利用自身优势修改系统接收或操作的数据。若攻击者发现了安全系统中的漏洞，系统外后处理数据是最后的补救措施[MOY 09]。也可以利用可信度来检测恶意的或者损坏的节点[MOY 09]。

3. 结论

由于通信是自主系统中至关重要的一部分，因此要保证安全和最低限度的服务质量，提高系统的可信度(即在本学科中所说的"可信计算")。以上解决方案由于需要合作节点之间共享媒介，因此是全局性而积极的。

6.6 自我修复

自我修复的功能包括故障检测、诊断及不中断系统正常运转情况下适当地修复。自我修复和应用必须能够检测系统故障，评估外界环境的压力和应用适当的修复措施。为了能够自动发现系统故障和潜在故障，我们必须感知预期的行为。自主系统有一个基本的原则是它应当能够确定目前的环境同预测的环境是否一致。在新的或者不同的环境中，新系统的行为必须能被观测到，且新的规则必须能不断适应新的环境。

为了能够检测并修正出错系统，自我修复功能应该如图 6.3 所示。

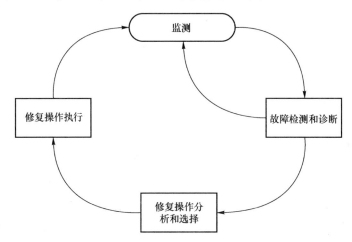

图 6.3　自我修复功能的过程

这个过程的第一阶段叫做"监测"。在此阶段，自主系统的实体监测任何异常的行为。一旦监测完成，收集到的数据被发送到下一个阶段，第二阶段叫做"故障检测与诊断"。如果诊断报告指出并没有故障发生，则回到初始阶段。若检测到故障，进入下一阶段分析，选择修复或者配置。任何修复都在下一阶段执行。一旦得到修复，自我修复的过程便重新开始。这是一个闭环控制的过程[SHA 07]。

虽然目前已经有很多自主网络的研究项目，但是很少有自我修复功能的。Lu 等人[LU 11]的著作中提到过一种能够自我诊断故障起源的电信网络。在接下来的内容中，我们将会分两种网络介绍自我修复功能：无线传感器网络（受到能源方面的限制）和智能电网。

6.6.1　无线传感器网络的应用

无线传感器网络可以被认为是特殊的 Ad Hoc 网络，一般由非常多的节点（传感器）组成，这些传感器有很多限制，如能源、内存、计算能力等。这种类型的网络通常专注于一种特定的应用（检测一个区域等）。网络中的传感器节点主要是收集、处理和传播信息。为了达到目的，通常有几种类型的传感器（地震、热、视觉、红外和音频等）可以检测环境（温度、湿度、速率、车辆的移动、光、大气压力、噪声分贝和物体的存在与否等）变化或者物理特性如速度、运动方向和尺寸以及大量其他领域（军事领域、环境、卫生、贸易和工业、家庭网络等）。

1. 无线传感器网络中能源的重要性

电池是无线传感器网络中非常重要的一部分。通常它既不能充电也不能更换。它可由一个发电装置供电，如太阳能系统，因此，仅仅提供非常有限的能量。由此，它限制传感器的寿命，影响网络的总体功能。出于这个原因，节能协议已经成为无线传感器网络的一个重要研究领域。

传感器主要在 3 个方面发挥作用：采集、通信和数据处理。数据采集消耗的能量是巨大的。然而，也取决于正在检测的环境。计算耗能远小于通信耗能。事实上，通信是最耗能的。因此在接收端和发送端都会封装一个良好的能源管理方案优先考虑通信的效率。

2. 无线传感器网络中自我修复的重要性

大型传感器网络通常包括几百上千个节点，这些节点是"一次性"的并且冗余。这意味着若有一个节点出现故障或者损坏，不需要其他节点来替代。此外，这些节点往往部署在人工很难干预的恶劣环境中，因此，我们假设一个节点开始工作时具有有限的能源储备，当它们能源耗尽时就停止工作。协议和应用必须包括容错机制。自我修复是必不可少的，能保证网络正常运行，不会因为一个节点不起作用而瘫痪。

3. 自我修复功能范例

在[YOO 09]中，作者提出了一个具有检测故障和自我修复能力的无线传感器网络体系结构。事故发生后，可以重新启动/重新编程传感器，大大延长了无线传感器网络的寿命。这种方法最初是通过隔离监测节点。

最基本故障有 4 种：服务质量（QoS）故障、软件错误、硬件故障（有关电池或者机器的应急）以及相关环境的故障。

自我修复功能参考不同类型的节点：传感器和收集观测数据的信宿，其应该有更多的计算功能和处理通信资源的功能。节点的自我修复功能仅仅是与检测系统的状态相关，并执行相应的策略。为此目的，传感器有一个状态图描述其正常功能。当检测到错误时，将收集到的信息传输给信宿，以产生适应策略和修复代码[YOO 09]。

6.6.2　智能电网中的应用

智能电力传输网络即智能电网，由公共电网和新的信息技术的融合而生，目的是优化电力的生产、流通、消费及电力生产者和消费者之间的关系[MOS 10]。智能电网可以提高网络的安全性，而且能够降低能耗，因此有利于减少温室气体的排放。

自我修复在智能电网中的重要性

很多围绕智能电网的研究已经展开——特别是在美国——它们最重要的能力之

一就是自我修复。美国最大的电力公司杜克能源公司，在其网站上上传了讲解其配置了自我修复功能的智能电网的视频［DUK 09］。传感器被放置在一定的电气线路，使其可以检测到任何故障。当电缆被破坏时，自我修复功能重新路由电力来源，以尽量减少问题，同时它也发出警告，直到抢修队介入。

6.7 小结

自主网络已经被广泛研究。如今仍存在很多问题。然而由于网络越来越复杂并且贴近日常生活，因此对自主网络的要求仍很高。

很多重要的研究都在聚焦绿色网络。在学术界和工业界这种研究项目非常多，原因有很多：全球气候变暖、能耗增加、公司形象等。

能源限制增加了网络管理的复杂性，因此将自主网络与绿色网络联合是必要的。人们已经提出了很多方案，但是迄今得到应用的比较少。然而迫于经济压力，特别是无线传感器网络比较节能，我们可以期待在不久的将来会出现更多的解决方案。

6.8 参考文献

[AGR 10] AGRAWAL P., KUMAR A., KURI J., PANDA M.K., NAVDA V., RAMJEE R., PADMANABHAN V., "Analytical models for energy consumption in infrastructure WLAN STAs carrying TCP traffic", *Proceedings of the International Conference on Communication Systems and Networks (COMSNETS)*, January 2010.

[AKK 03] AKKAYA K., YOUNIS M., "An energy-aware QoS routing protocol for wireless sensor networks", *Proceedings of the 23rd International Conference on Distributed Computing Systems Workshops*, p. 710-715, 19-22 May 2003.

[BAH 10] BAHSOON R., "A framework for dynamic self-optimization of power and dependability requirements in green cloud architectures", *Proceedings of the 4th European Conference on Software Architecture (ECSA'10)*, ALI BABAR M. and GORTON I. (eds.), 510-514, Springer-Verlag, Berlin, Heidelberg, 2010.

[BAI 06] BAIAMONTE V., CHIASSERINI C.F., "Saving energy during channel contention in 802.11 WLANs", *Proceedings of Mob. Netw. Appl.*, 11(2):287-296, April 2006.

[BLA 05] BLAß E., ZITTERBART M. "Towards acceptable public-key encryption in sensor networks", *Proceedings of the 2nd International Workshop on Ubiquitous Computing (ACM SIGMIS)*, p. 88-93, 2005.

[BO 11] BO Y., BIN-QIANG W., ZHI-GANG S., YI D., "A green parallel forwarding and switching architecture for green network", *IEEE/ACM International Conference on Green Computing and Communications (Greencom'11)*, p. 85-90, 2011.

[CHO 10] CHOI J.I., JAIN M., KAZANDJIEVA M.A., LEVIS P., "Granting silence to avoid wireless collisions", *Proceedings of the 18th IEEE International Conference on Network Protocols (ICNP)*, 2010.

[CHR 05] CHRISTENSEN K., GUNARATNE C., NORDMAN B., "Managing energy consumption costs in desktop PCs and LAN switches with proxying, split TCP connections, and scaling of link speed", *International Journal of Network Management*, vol. 15, no. 5, p. 297-310, September/October 2005.

[CHU 11] CHU H.W., CHEUNG C.C., HO K.H., WANG N., "Green MPLS traffic engineering", *Australasian Telecommunication Networks and Applications Conference (ATNAC)*, 2011.

[CIA 10] CIANFRANI A., ERAMO V., LISTANTI M., MARAZZA M., VITTORINI E., "An energy saving routing algorithm for a green OSPF protocol", *INFOCOM IEEE Conference on Computer Communications Workshops*, 2010.

[CLA 03] CLARK D., PARTRIDGE C., RAMMING J.C., WROCLAWSKI J.T., "A knowledge plane for the Internet", *SIGCOMM03*, August 2003.

[DUK 09] DUKE ENERGY, Smart Grid: Self-Healing network: http://www.youtube.com/watch?v=3BF02P9jrKU&NR=1, 2009.

[ERI 07] ERICSSON, Sustainable energy use in mobile communications, White Paper, EAB-07:021801 Uen Rev B:1-23, 2007.

[EZR 09] EZRI D., SHILO S., "Green Cellular. Optimizing the cellular network for minimal emission from mobile stations", *IEEE International Conference on Microwaves, Communications, Antennas and Electronics Systems, COMCAS 2009*, 2009.

[GOM 07] GOMEZ J., CAMPBELL A.T., "Variable-range transmission power control in wireless ad hoc networks", *Mobile Computing, IEEE Transactions*, vol. 6, no. 1, p. 87-99, January 2007.

[HOR 01] HORN P., "Autonomic computing: IBM perspective on the state of information technology", IBM T.J. Watson Labs, New York, *presented at AGENDA 2001*, Scottsdale, October 2001.

[HOS 11] HOSSAIN M.F., MUNASINGHE K.S., JAMALIPOUR A., "An eco-inspired energy efficient access network architecture for next generation cellular systems", *Proceedings of WCNC'2011*, p. 992-997, 2011.

[JAR 09] JARDOSH A.P., PAPAGIANNAKI K., BELDING E.M., ALMEROTH K.C., IANNACCONE G., VINNAKOTA B., "Green WLANs: on-demand WLAN infrastructures", *Proceedings of Mob. Netw. Appl. 14*, 6 December 2009.

[KAR 03] KARLOF C., WAGNER D., "Sensor Network Protocols and Applications", *Proceedings of the First IEEE. International Workshop on In Sensor Network Protocols and Applications*, p. 113-127, 2003.

[KAS 09] KASHIF S., NOSHEILA F., HAFIZAH S., KAMILAH S., ROZEHA R., "Biological inspired self-optimized routing algorithm for wireless sensor networks", *Proceedings of the 9th IEEE Malaysia International Conference on Communications (MICC 2009)*, Kuala Lumpur, 2009.

[KHA 09] KHARGHARIA B., HARIRI S., YOUSIF M., "An Adaptive interleaving technique for memory performance-per-watt maximization", *IEEE Trans. Parallel Distrib. Syst.*, vol. 20, no. 7, p. 1011-1022, July 2009.

[KRI 06] KRIEF F., SALAUN M., *L'autonomie dans les réseaux*, Hermès, Paris, 2006.

[KRI 08] KRIEF F., *Communicating Embedded Systems*, ISTE, London, John Wiley & Sons, New York, 2009.

[LIU 11] LIU X., GHAZISAIDI N., IVANESCU L., KANG R., MAIER, M., "On the tradeoff between energy saving and QoS support for video delivery in EEE-based WiFi networks using real-world traffic traces", *Journal of Lightwave Technology*, 15 September 2011.

[LU 11] LU J., DOUSSON C., KRIEF F., "A self-diagnosis algorithm based on causal graphs", *Proceeding of 7th International Conference on Autonomic and Autonomous Systems (ICAS 2011)*, 2011.

[LYO 08] LYONS M., NEILSON D.T., SALAMON T.R., "Energy efficient strategies for high density telecom applications", *Workshop on Information, Energy and Environment*, Princeton University, Supelec, Ecole Centrale Paris and Alcatel-Lucent Bell Labs, June 2008.

[MAR 09] MARINKOVIC S.J., POPOVICI E.M., SPAGNOL C., FAUL S., MARNANE W.P., "Energy-efficient low duty cycle MAC protocol for wireless body area networks", *Information Technology in Biomedicine, IEEE Transactions*, vol. 13, no. 6, p. 915-925, November 2009.

[MBA 11] MBAYE M., KHALIFE H., KRIEF F., "Reasoning services for security and energy management in wireless sensor networks", *7th International Conference on Network and Service Management (CNSM 2011)*, Paris, October 2011.

[MOS 10] MOSLEHI K.A., "Reliability perspective of the smart grid, smart grid", *IEEE Transactions*, vol. 1, issue 1, p. 57-64, June 2010.

[MOY 09] MOYA J.M., ARAUJO Á., BANKOVIĆ Z., DE GOYENECHE J.M., VALLEJO J.C., MALAGÓN P., VILLANUEVA D., FRAGA D., ROMERO E., BLESA J., "Improving security for SCADA sensor networks with reputation systems and self-organizing maps", *Sensors*, 2009.

[ONG 11] ONG E.H., MAHATA K., KHAN J.Y., "Energy efficient architecture for green handsets in next generation IP-based wireless networks", *Proceedings of ICC'2011*, p. 1-6, 2011.

[PER 02] PERRIG A., SZEWCZYK R., TYGAR J.D., WEN V., CULLER D.E., "SPINS: security protocols for sensor networks", *Wirel. Netw.*, 8, 5, 521-534, September 2002.

[PÉR 10] PÉREZ-COSTA X., CAMPS-MUR D., "IEEE 802.11 E QoS and power saving features overview and analysis of combined performance", *Wireless Commun.*, 17, 4, p. 88-96, August 2010.

[PER 11] PERES M., CHALOUF M.A., KRIEF F., "On optimizing energy consumption: An adaptative authentication level in wireless sensor networks", *Global Information Infrastructure Symposium*, 2011.

[QIA 05] QIAO D., SHIN K., "Smart power-saving mode for IEEE 802.11 wireless LANs", *24th Annual Joint Conference of the IEEE Computer and Communications Societies, Proceedings IEEE INFOCOM 2005*, vol. 3, p. 1573-1583, March 2005.

[SAK 10] SAKER L., ELAYOUBI S.E., CHAHED T., "Minimizing energy consumption via sleep mode in green base station", *WCNC' IEEE*, p. 1-6, 2010.

[SAL 09] SALEHIE M., TAHVILDARI L., "Self-adaptive software: Landscape and research challenges", *ACM Trans. Autonom. Adapt. Syst.*, 4, 2, Article 14, May 2009.

[SCH 11] SCHOENEN R., BULU G., MIRTAHERI A., YANIKOMEROGLU H., "Green communications by demand shaping and user-in-the-loop tariff-based control", *Online Conference on Green Communications (IEEE GreenCom)*, 2011.

[SHA 07] SHAREE S., LASTER S.S., OLANTUNJI A.O., "Autonomic computing: toward a self-healing system", *American Society for Engineering Education*, 2007.

[SIK 04] SIKORA M., LANEMAN J.N., HAENGGI M., COSTELLO D.J., FUJA T., "On the optimum number of hops in linear wireless networks", *Information Theory Workshop, IEEE*, p. 165-169, 24-29 October 2004.

[SKL 76] SKLAROFF J.R., "Redundancy management technique for space shuttle computers", *IBM J. Res. Dev.*, 20, 1, 20-28 January 1976.

[STE 03] STERRITT R., "Autonomic computing: the natural fusion of soft computing and hard computing", *Proceeding of the IEEE International Conference on Systems, Management and Cybernetics*, vol. 5, p. 4754-4759, 2003.

[WAN 05] WANDER A.S., GURA N., EBERLE H., GUPTA V., CHANG SHANTZ S., "Energy analysis of public-key cryptography for wireless sensor networks", *Proceedings of the Third IEEE International Conference on Pervasive Computing and Communications (PERCOM '05)*, IEEE Computer Society, p. 324-328, Washington DC, United States, 2005.

[WAN 06] WANG Q., HEMPSTEAD M., YANG W., "A realistic power consumption model for wireless sensor network devices", *Sensor and Ad Hoc Communications and Networks, SECON '06. 2006, 3rd Annual IEEE Communications Society on*, vol. 1, p. 286-295, 25-28 September 2006.

[WEN 08] WEN Y.F., CHEN Y.Q., PAN M., "Adaptive ant-based routing in wireless sensor networks using Energy*Delay metrics", *Journal of Zhejiang University SCIENCE A*, vol. 9, p. 531-538, 2008.

[YOO 09] YOO G., LEE E., "Self-healing methodology in ubiquitous sensor network", *School of Information and Communication Engineering*, Sungkyunkwan University, South Korea, 2009.

[ZHE 11] ZHENG X., CAI Y., "Reducing electricity and network cost for online service providers in geographically located internet data centers", *IEEE/ACM International Conference on Green Computing and Communications*, p. 166-169, 2011.

网址

[4WA] 4WARD FP7 project.

[ANA] ANA, Autonomic Network Architecture FP7 project.

[AST] Tests en environnement radiatif naturel de composants et circuits électroniques: http://www.astep.eu/spip.php?article30.

[AUT] AutoI, Autonomic Internet FP7 project.

[ELE] http://www.electronics-project-design.com/ConformalCoating. html.

[FAR] http://fr.farnell.com/nichicon/uhd1a471mpd/condensateur-470uf-10v/dp/8822816.

[IEF] https://tools.ietf.org/html/rfc5246.

[LEP] http://www.lepoint.fr/actualites-sciences-sante/2008-01-03/bugs-celestes/919/0/216898.

[WHI] https://en.wikipedia.org/wiki/Whisker_(metallurgy).

第7章 可重构的绿色终端：迈向可持续电子设备

7.1 可持续电子设备

摩尔定律[⊖]的消极影响是消费者对于最新时尚电子产品有着无法满足的需求。在全世界，用户平均每18个月就要更换他们的移动电话，因为他们或受到了其服务提供商的鼓动[HUA 08]，或想要掌握最先进的技术[SAL 08;LI 10a]。然而一部手机真正的使用寿命大约在3.5年[ZAD 10]。因此，在整个工业历史中，移动电话和智能手机拥有最高的更替率[ZAD 10]。

我们可以看一下苹果手机这个领先品牌的销售趋势，它迅速占领了智能手机市场40%的份额。在发布当日，iPhone 4的出货量超过了150万部。在此需要说明的是，自从最初发布的iPhone手机后，这是4年来的第4个版本，如表7.1所示。苹果公司的商业策略是每年发布一款新产品，这就使得旧产品过时。同样的策略使用在了新产品上，如iPad，在它进行市场发布的第一天就售出了超过30万部。

表7.1 4年来智能手机iPhone的演化

苹果产品	产品发售时间
最初版iPhone	2007年6月
iPhone 3	2008年6月
iPhone 3GS	2009年6月
iPhone 4	2010年6月

2009年全世界销售了超过12.6亿部普通移动手机(销售量与上一年相比减少了0.4%,这在历史上是首次出现)，还有1.742亿部智能手机(与上一年相比销售量增长了15%,这也是致使普通移动手机销售量下降的原因,因为购买者偏向于购买这些新产品)。

在计算机(笔记本电脑或其他类型)的使用中我们可以观察到类似的现象，一台计算机的预期使用寿命可以达到8万h，但是实际的使用时间(这取决于连续使

⊖ 这一经验规律，或者叫猜想，是由Gordon Moore于1975年提出的，它表明，一个硅芯片上的微处理器数量每两年翻一番。一般来说，在今天这条定律可被解释为，年复一年地，芯片上的电路将越来越复杂，但成本不会随之增加。

用时间)大约在 2 万 h[OLI 07]。

电子产品(计算机、通信设备和嵌入式系统等)的使用程度高,再加上高更替率(或实际寿命的减少),这些集成性设备会对环境造成很严重的后果。这种对环境的影响来源于许多因素。首先,复杂产品的制造过程非常耗能:它需要大量的材料、化工产品和水。其次,如果我们考虑集成性基础设施(例如通信基础设施),这些产品在使用过程中的能耗也是一个显著证明。最后,电子产品的制造过程和报废处置产生了大量不同程度的毒素,这些是很难处理的。因此,为了提出相关的解决方案来尽可能减少对环境的影响,研究电子产品的生命周期是非常实用的。

当然,尽管目前全世界电子产品十分普及,但它们对环境的影响仍远不及某些产业,特别是交通产业。例如,一部手机从设计到回收对环境的影响小于一辆家庭轿车行驶 100km 对环境的影响[NOK 10]。另一个例子:2004 年,英特尔公司一周消耗 4.24 亿 L 水来制造芯片;然而,每周 7.57L 水只能用来打印周日版的《纽约时报》[SHA 04]。

这些例子可能会使人认为专注于减少电子产品对环境的影响的做法是不明智的。在当前和在未来的几年中,这样做可能会忽略这些产品对于现代社会的总影响。事实上,电子产品可以减少纸张的使用(通过使用电子书籍和电子报纸),还可以减少交通运输(视频会议、发送电子文件、联网远程管理等)。因此,对于我们的数字社会,不去使用这些产品或者限制它们的发展和传播,这样的想法是不切实际的。相反,通过这些产品的帮助,我们必须继续发展社会,同时要大大降低它们对环境的影响。因此,如果能以可持续的方式发展,通过替换某些产品或者改善某些应用,在将来电子产品能大幅减少人类活动对环境的影响。实际上,在人类活动对环境影响中,技术替代的效益问题是不确定的[FIP 09]。

为了改善电子产品(如通信终端、计算机和嵌入式系统等)对环境的影响,深入研究它们的生命周期(从它们的开发和制造直到结束于废物堆中)是很有用的。这是一个进行快速和简单的生命周期评估(LCA)的问题,正如 Centre interuniversitaire de recherche sur le cycle de vie des produits, procedes et services(产品、工艺和服务生命周期校际研究中心,CIRAIG⊖)所提供的服务那样[JOL 10]。这样的测评将清晰地揭示为减少对环境的影响应该走什么样的道路,尽管和人类活动所产生的工业产品对自然的影响相比,这些影响微不足道,但是我们仍然应该竭尽所能地减缓这些影响,为日后电子化社会发展打下坚实的基础,其中电子产品将会占社会很大一部分,这是在 7.2 节中我们在聚焦于一个新途径之前要做的,这个新途径是设计一种可重构硬件系统,通过减少功能过时的情况来增加电子产品寿命。

⊖ www.ciraig.com。

7.2　电子产品对环境的影响

7.2.1　电子产品的生命周期

电子产品遵循一种典型生命周期方式，以一种简化方式如图 7.1 所示（这张图来源于 Dhingra 在 2010 年所写的一篇文章[DHI 10]，但是就生命周期每个阶段的风险而言，这张图更加完整）。电子产品生命周期的 4 个基本阶段包括原材料加工、产品制造、产品使用和最后产品生命的终结（回收和处理）。这几个阶段对环境的影响并不相同，不论是从量上还是结果上。图 7.1 的下半部分总结了每个阶段所带来的风险，包括对工人的健康和安全的影响，以及在泄漏过程之中对当地居民的影响。

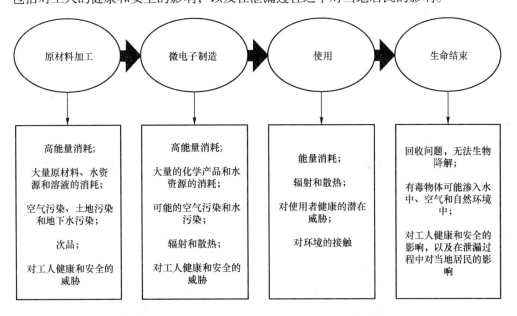

图 7.1　电子产品生命周期以及每阶段的主要风险

图 7.2 以诺基亚公司的手机为例[NOK 10]，并给出了电子产品的生命周期中每一阶段能量利用和温室气体排放所占的比例。所给出的百分比是从 36 个月的实际生命周期中得出的。从中我们清楚地看到，在产品生产阶段，也就是从原材料和辅助材料到最终产品制造完成，这个阶段对环境的影响最大。相比而言，产品实际使用阶段（36 个月）产生的能量消耗和温室气体在总产生量中只占四分之一多一点。若生命周期较短，这个比率则大大降低，例如对于一个生命周期与手机的平均生命周期相同的产品（18 个月[HUA 08]），它的能量消耗降低了 16.4%。这可以用以下的事实进行简单解释：生命周期的其他阶段对环境的影响都是固定的，与产品实际生命周期的长短无关。

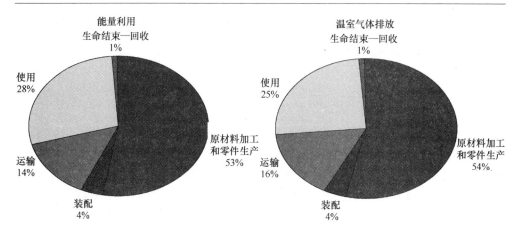

图 7.2　36 个月使用期中一部诺基亚手机在生命周期各个
不同阶段中能量消耗和温室气态排放所占比例

　　图 7.3 同样利用了图 7.2 中的数据，但是图 7.3 将使用时间从 36 个月缩短到18 个月。在这种情况下，我们发现手机在整个使用生命周期中所需能量与运输过程(包括原材料和产品成品)中所需能量大致相同。因此，我们可以很容易就看到为什么必须增加生命周期以及为什么必须要应对由新产品出现导致旧产品过时的问题(见表 7.1)。然而，我们不能忘记，手机在实际生命周期中为实现其主要功能所使用的能量实际上被划分到构成通信基础设施的其他产品上[如基站收发机(BTS)和服务器]。一些研究表明，基础设施的能耗占据无线通信所需总能耗的 90%[FLI 08]。然而，对于手机和计算机(包括台式机和笔记本电脑)，它们在生产过程之中产生的能量消耗和温室气体的排放量要大于其使用过程中产生的能量消耗和温室气体的排放量，但对于服务器而言却不是这样[FLI 09]。

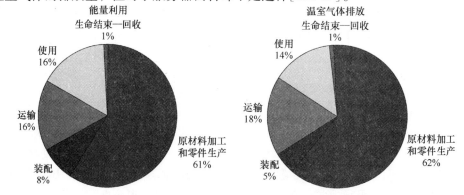

图 7.3　18 个月使用期中一部诺基亚手机在生命周期各个
不同阶段中能量消耗和温室气态排放所占比例[⊖]

　⊖　原书图 7.3 上图比例加合超过 100%，有误。

在图 7.2 和图 7.3 中，手机回收所产生的能量消耗和排放的温室气体只占很小比率（可以忽略不计）。然而，只有不到 5% 的手机得到了回收[FLI 09]，这可能解释了电话回收对环境影响可以忽略不计的原因。

本节其余部分详细说明了电子产品生命周期的主要阶段对于环境的影响。

7.2.2　微电子制造

微电子产业是一个对原材料、化工产品、水和能量（电能、天然气和矿物燃料）的消耗需求极大的产业。正如我们之前所看到的，手机生命周期中超过一半的能量消耗都在其（主要是电子零件）制造过程中。然而，电子零件的制造过程是非常复杂的。对于最新的技术，一个电子芯片的制造需要 400～500 个步骤[BRA 08；BRA 10]。微电子产品制造的主要阶段包括：产品的开发（在估计能量使用的研究中非常容易被忽略）；原材料的提取以及处理（如硅和水的净化）；化工产品的生产（我们将在之后提及，这个阶段会有很多种类型）；化学和光学处理程序（其中包括硅掺杂，光刻，晶体外延，扩散等）；测试和晶圆切割[⊖]；粘结；包装。

芯片一旦封装，为了得到电子产品的成品，许多其他的阶段是必要的。其中，印制电路板（PCB）的制作将不同的完整零件容纳在一起，并可以用铜线连接零件。同样，测试阶段是 PCB 制作中所必要的阶段。

在 2002 年，一篇关于构建一个电路所需的金属、天然气和水的数量的十分详尽的研究报告被发表[WIL 02]。这份研究表明，制造一个 CMOS[⊖]需要 DRAM[⊜]类型的重量为 2g32MB 的内存，72g 的化工产品和 1.6kg 的化石燃料来产能。因此，所用二次材料（与硅等原材料相对应）的重量大约是最终成品重量的 630 倍。图 7.4 用图表形式展示了一个直径 150mm 的晶体管的制造过程中的低质量产量[WIL 02]。这种低质量的产量会随着技术进步而增加，但会随着芯片尺寸增大而减少[OLI 07]。

微电子器件制造过程中要使用大量的化学物质。其中许多化学物质都是有毒的，通过水和空气的扩散可能会产生相当大的影响。这些化学物质主要用来进行硅掺杂、金属粘结中的蚀刻（2000 年之前主要使用铜，之后一直到现在使用铝）以及光刻。

在 2002 年，一个 1cm² 的电路的制作需要 45g 的化学产品，这表示每 1kg 的硅

⊖　对于微电子产业，晶片是一种柱形硅体，一般直径为 300mm，厚度在亚毫米级别，电路就蚀刻在它上面。根据其尺寸大小，可在一个晶片上蚀刻几十到几百个电路。

⊖　互补金属氧化物半导体，最广泛使用的微电子技术，基于 MOSFET 晶体管开关方法制作。在所有的 CMOS 电路中，每一个 N-MOS 晶体管与互补的 P-MOS 晶体管组成一个系统并相互对称。

⊜　动态随机存取存储器，一种很小的非永久性存储器（只有一个 MOS 晶体管），它的值需要不断地动态更新。

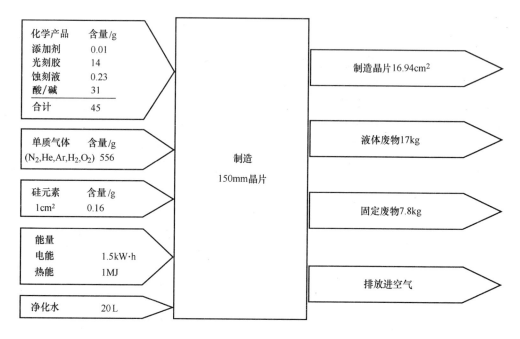

图 7.4 直径 150mm 的晶体管在制作过程中所需材料以及产出图表

需要 280kg 的化学产品来匹配[WIL 02]。使用像重量这样的度量标准是有问题的，因为它在很大程度上取决于所使用的技术、晶片的尺寸(例如，2000 年以前，直径多为 150mm 或 200mm，2001 年之后为 200mm，而 2012 年达到 450mm)以及金属层的数量[SHA 04]。

然而，在制造过程中应用所用材料的重量是一个有趣的准则，因为它能够使我们对微电子制造的产量进行量化[WIL 04]。此外，产量的分析通常是在所谓的生态包袱下进行的[FLI 09]。

为了完成对化学产品使用的分析，表 7.2 列出了微电子产业使用的主要化学药剂，并对其进行分类，如单质气体、掺杂剂、蚀刻液、酸、碱和光刻胶。

表 7.2 CMOS 技术中微电子芯片制作所使用的主要化学药剂[WIL 02]

化学药剂类型	使用的主要药剂
单质气体	氦气(He)，氮气(N_2)，氧气(O_2)，氩气(Ar)，氢气(H_2)
掺杂剂	硅烷(SiH_4)，五氧化二磷(P_2O_5)，磷酰氯($POCl_3$)，磷化氢(PH_3)，乙硼烷(B_2H_6)，三氢化砷(AsH_3)，二氯甲硅烷(SiH_2Cl_2)
蚀刻液	氨气(NH_3)，一氧化氮(NO)，氯气(Cl_2)，三氯化硼(BCl_3)，三氟化硼(BF_3)，溴化氢(HBr)，氯化氢(HCl)，氟化氢(HF)，三氟化氮(NF_3)，六氟化钨(WF_6)，六氟化硫(SF_6)，三氟化甲烷(CHF_3)，四氟化碳(CF_4)

（续）

化学药剂类型	使用的主要药剂
酸/碱	氢氟酸（HF），铵（NH_4^+），磷酸（H_3PO_4），硝酸（HNO_3），硫酸（H_2SO_4），盐酸（$H_3O^+Cl^-$），氨（NH_3），氯化氢（HCl），氢氧化钠（NaOH）
光刻胶	过氧化氢（H_2O_2），异丙醇（$CH_3CH(OH)$-CH_3），丙酮（CH_3COCH_3），羟化四甲铵（$(CH_3)_4NOH$）

电子芯片制造过程中使用大量的水。一个微电子生产厂每个月使用大概 1000 万 L 的水来制作数以万计的晶片。例如，在 2002 年，生产 $1cm^2$ 的晶片就需要消耗掉 18 ~ 27L 水［WIL 02］。不同的技术耗水量也不同。然而，不管怎样，微电子产业需要极为纯净的水（至少要比自来水纯净 100 万倍）。另外，一般来说水的提纯要尽可能与其使用要求相接近，以限制纯度受到污染或损坏，否则需要在微电子生产过程中使用更多的能量。

集成电路（位于芯片所在的管壳内）的制作还需要其他材料，如陶瓷、塑料、金、镍、铜和铝。印制电路板（或叫做电子卡）的制作同样需要大量的其他材料如树脂、铜和锡用来焊接。

根据 Williams 所述［WIL 02］，一个微电子芯片制造过程中，所使用的能量的 83% 都是电能；其他能量来自于石油、天然气和煤油。因此，微电子产业是一个巨大的电力消耗源。例如，1998 年到 2002 年之间，尽管工业生产大规模集中在亚洲，但美国的用电消耗依然占据了工业用电消耗的 1.5%［BRA 10］。

芯片制造所需要的电力消耗很大程度上取决于所用技术和晶片直径，如表 7.3 所示，表中给出了关于 1993 年到 2008 年之间晶片制造微电子产业电能消耗的几个研究结果。

表 7.3 一个晶片制造所需电能（由 1993 年到 2008 年的几个研究给出）［DUQ 10］

文献	年份	晶片直径/mm	电能需求
［MCC 93］	1993	150	285kW·h/晶片
［MUR 01］	2001	200	440kW·h/晶片
［KUE 03］	2003	200	499kW·h/晶片
［MUR 03］	2003	300	664kW·h/晶片
［KEM 05］	2005	300	583kW·h/晶片
［KRI 08］	2008	200	470kW·h/晶片

晶片制造的能量消耗主要来源于许多工序执行所必需的系统的消耗。图7.5给出了微电路制造过程中几个最消耗能量的系统的耗能百分比。这些确实是微电子制造(扩散、光刻、电镀等)所必需的系统,是除了冷却系统外最大的能量消耗源。最终,一个晶片的制造需要大量的能量:一个直径300mm的晶片需要2GJ的能量,这相当于45L的石油所含能量。作为比较,一个英特尔酷睿2处理器(45nm,2.53GHz)必须使用超过10年,以一年300天计,一年当中要有超过80%的天数使用4h以上,才能使得其能量消耗等价于其制造所需能量。必须记住的是,为了使电路制造所耗能量相对于总消耗中可以忽略不计(少于10%),那它必须被使用100年!

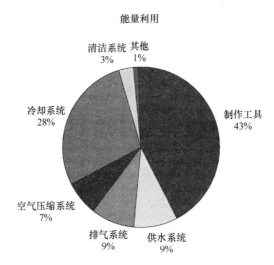

图7.5 微电子制造执行过程中必需的
不同系统能量消耗比例图[BRA 10]

7.2.3 电子产品的使用

正如我们在本章前言中所见到的那样,一个电子产品实际使用期中的能量消耗只占产品整个生命周期所有能量消耗的很小部分。我们还看到,使用阶段的能量消耗与生命周期长短是成比例的。在一个很短的生命周期中,使用阶段的能量消耗对总消耗来说是可以忽略不计的(见图7.3)。这个结论使得试图减少电子产品操作过程中电力和能量消耗的研发项目显得无关紧要。

事实上,这种项目不再反对这个观点,并声称,一部手机在18个月的使用期中能量消耗减少10%(这是很难做到的)只在其整个生命周期的总能量消耗中减少了大约1.5%。矛盾的是,这是一个涉及了大量学术研究的领域,包含了大型团体,以及许多会议和专业期刊。这意味着这些工作并不是十分有用吗?不,它有用——通过减少电子产品电力和能量消耗,由于供应问题,消费会变得岌岌可危。

这对使用电池的产品尤其重要。能量消耗的降低促进了电池尺寸和重量的减小。

　　另外很重要的一点就是，电力和能量消耗与电子芯片散热性能相关，然而却因为无法被控制而无法实现低能耗(因为冷却系统的尺寸和复杂度的需要)。因此，通过这个简短的分析，我们可以说，低能耗电子产品的设计是一个重要的研究领域，但它本身并不是通向绿色可持续电子设备的唯一道路。除了旨在直接减少运行中电路的消耗的工作外，还有一些应用层的项目，寻求让使用者参与到产品能量消耗的管理中。例如，这就是为手机提出"绿色开关"的目的[ZAD 10]。通过绿色开关，使用者意识到自己设备的能量需求，能够在更高性能和更低能耗之间做出选择。这种类型的应用旨在改变使用习惯，使用户变成与其设备和使用方式相关的能量意识用户。在未来当能量成本急剧增加时，这种使用方式将变得普遍而且是必需的。

7.2.4　电子废物

　　电子产品虽然被丢弃，但它们的生命并没有结束，因为它会成为电子垃圾。这些都是不断演进的。根据欧盟的一项研究，电子垃圾每年以 3% ~5% 的速度增加，相比而言是其他生活垃圾[SCH 05]增长速度的 3 倍。从国际角度来看，这是目前增长最快的垃圾流。在全球范围内，电子垃圾的数量每年大约 5 千万 t。举例来说，在 2005 年，1.3 亿部手机被丢弃，这代表着产生了 6.5 万 t 的垃圾。在欧洲(25 成员国的欧盟)，同一年，电子垃圾的数量为每人 8kg，相当于 360 万 t 的垃圾总量。

　　这种大规模的浪费导致了严重的问题。首先，这些并不是无毒垃圾：电子产品中的金属和化学药剂能产生高度危险[HER 07]。电子垃圾的回收是十分复杂和昂贵的：只有大约 17% 的电子垃圾真正得到了回收[LAS 10]。这导致在亚洲和非洲或多或少的"官方"处理设置的出现[HUA 09；EUG 08]。

　　这种现状是不能长期维持的，因此必须找到一种减少垃圾的解决方法。在今天一种被广泛接受的方法是遵循 3R 原则：减量(Reduce)、再利用(Reuse)和再循环(Recycle)。然而，还可以设想在此原则中添加第四个：重构(Reconfigure)。我们将在本章其余部分探索这些原则。

7.3　减量，再利用，再循环和重构

7.3.1　减量，再利用，再循环

　　3R 原则的第一项是减量。这是在产品生命周期各个阶段的指导原则。在生产阶段，有必要减少所需的材料、化学产品、水和能量。在这一领域中，因为这些削减随之降低了生产成本这一事实，许多项目得到了支持并正在进行。这样，工人应

当执行减量这一原则。在使用阶段，减量与生命期的增加相矛盾；在上文我们看到生命期的增加能增加"有用的"能量消耗在产品制造所需能耗中所占比例。运行过程中的电力和能量消耗也能被削减。这不可避免地涉及更加合理地使用电子产品的问题，比如说只在绝对必要的时候才充电。最后，从产品的制造开始必须在每一阶段都对垃圾总体的减少进行设想。作为结束，像那些已存在的一样，必须有法律措施来建立产品制造与产品垃圾之间的联系。必须指出的是，一般情况下，为了真正实现减量，我们必须能够正确估计。然而，经证明，得到一个产品在整个生命周期中对环境影响的精确估计通常是十分困难的［DUQ 10；NIG 10；COR 10］。

3R 原则的第二项是——再利用。为了说明在微处理器背景下的这种方法，2007 年发表的一篇文献［OLI 07］提出存在微处理器"食物链"，它能提供好几代产品的微芯片制造所需的能量。这个食物链设想如下：一个新的微处理器代替一个尖端设备(如一个高配置笔记本电脑)中的微处理器，这个替换下来的处理器并不被丢弃，而是取代那些并不高级的设备(如一部 PDA)中的处理器，而再次被替换下来的处理器可以取代其他更古老的设备(如一部游戏机)中的处理器。图 7.6 说明了以微处理器为例的再利用过程。

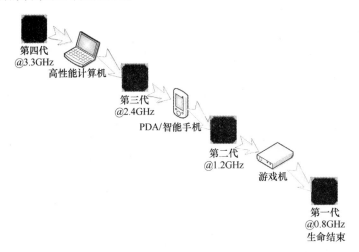

第四代
@3.3GHz
高性能计算机

第三代
@2.4GHz
PDA/智能手机

第二代
@1.2GHz
游戏机

第一代
@0.8GHz
生命结束

图 7.6　微处理器"食物链"说明

在理论上，这种解决方案是有吸引力的。实际上，每一个设备都可以因为不涉及大量的芯片制造而获得能量增益。然而在现实中，这种通过电路再利用的硬件升级法是不可行的。首先，从功能的角度看，每个电路，每个微处理器，都是专用的，或者至少具有固定的特性，这使得功能兼容十分困难。这一点可以在软件应用层得到解决，条件是必须使用某种特定的虚拟化形式。然而，电路的物理特性(集成电路的尺寸和输入/输出引脚数量)、电压水平以及电源和输入/输出引脚所能承受的电流更加确切地限制了再利用的可能。

因此，电路的再利用很复杂；然而，作为电子设备如移动电话或智能手机可以实现再利用。例如，一项最新的研究表明了怎样可以用旧的智能手机（即将被废弃）作为教学设施用于学校课程，这些课程需要少量硬件资源，而这些硬件资源通常都能在即将废弃的设备中找到[LI 10b]。

更新硬件的想法是好的，因为它有助于防止硬件过快被淘汰，并提高电子产品的寿命。但是，更新后的硬件成为了一个问题，与软件的问题相同。想象一下，如果每次一个新的软件版本发布时你就需要更换电脑，电脑市场会变成什么样！从21世纪初就开始探索更新硬件的可能性，伴随着新的可重构硬件电路——FPGA（Field Programmable Gate Arrays，现场可编程门阵列）和更普遍的所谓的可重构体系结构一同产生[BOS 10；BOS 06]。我们将在7.3.2节讨论这一点。

得出的总结是，正如我们在之前所提出的（7.2.4节）——电子垃圾是非常难以回收的。3R原则的最后一部分看起来是最复杂的[HUA 09；EUG 08；HER 07]。然而，这一途径无疑为更好地回收提供了一个很大的进步空间[LAS 10]。

7.3.2 基于FPGA的重构

本节的目的是向非专业读者解释FPGA硬件电路重构到底是什么。专业的读者可以直接跳到7.4节，其中我们介绍了长期实际运行的可重构终端中使用FPGA的例子。

FPGA是数字电子中的可配置硬件[BOS 10；MAX 04]。在初始状态，它们什么也做不了，但含有大量的（取决于所使用的技术）可操作的硬件资源，我们可以对其功能进行配置。这些资源主要是逻辑功能块（生成布尔函数）、RAM、定点算术运算符、内部布线资源以及输入/输出资源。这些可配置资源由密集的数据线和时钟信号线相连接。我们也可以对这些布线进行配置。

除了这些资源，一个FPGA还包含一个内部配置存储器。这个存储器中的每一个点对应一个可操作资源单元的配置。在大多数情况下，人们使用下列3种技术之一来制作这种存储器：

——反熔丝（最古老的技术，只能配置一次）；

——闪镀（非易失）；

——静态存储（易失性，使用最广泛，占据了超过80%的市场份额）。

如图7.7所示，为了创造一个FPGA应用，我们必须使用硬件描述语言如VHDL（超高速集成电路硬件描述语言）对将要创建的电路进行描述。然后我们要将那个描述合成到电路之中。这一阶段和下一个阶段可以使用电路制造商提供的免费软件。在一个考虑了FPGA体系的布局和布线的阶段之后，最后的阶段产生了一个比特流配置文件。这允许我们在配置FPGA时指定配置存储器的点的位置。

列举全世界主要的FPGA制造商如下：Xilinx（FPGA市场排名第一，2009年占

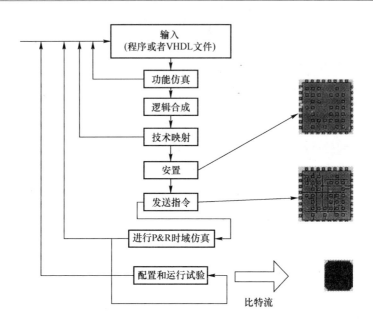

图 7.7　FPGA 概念的一般流程(简化)

据 53% 的市场份额)[XIL 10];Altera(FPGA 市场排名第二,2009 年占据 36% 的市场份额)[ALT 10];Microsemi(在反熔丝和闪镀市场排名第一)[ACT 10];Atmel;QuickLogic;Lattice 以及 M2000(FPGA 核心)。

　　FPGA 是数字电路中最新的技术,因此它仍处在发展期。其体系结构已在过去几年内发展起来,具有颗粒度和可配置逻辑资源。其用法是最有趣的发展之一。部分重构、动态重构开辟了这些电路应用的一个新领域,它占据了越来越多的数字电路硬件市场(不包括微处理器),这个市场主要受 ASIC[⊖](专用集成电路)控制。

　　实际上,在一个不确定的全球经济形势下,FPGA 似乎是一个灵活的解决方案,它能够很好地适应经济约束,如缩短产品上市时间以及产品的进化或开发灵活性的潜力。此外,与 FPGA 有关的经济模式,是一个线性模式,与 ASIC 方案的经济模型相比变得越来越有利,ASIC 方案生产第一个原型的花费意味着用来抵消这个解决方案花费的时间将会持续很长,并且只能对大规模经济生产可行。图 7.8 说明,随着技术改进,制造的电路数量趋向于增加,对于电路制造 ASIC 解决方案而言在经济上更划算(交叉点)。例如,通过使用 2003 年的技术(90 nm),随着大约一百万电路的生产(因此而被出售)ASIC 解决方案变得有趣。因此,从技术和经济的角度来看 FPGA 解决方案都变得越来越有利。2000 年以来,FPGA 电路的集成密度意味着我们可以在一个芯片上装配一个可配置硬件元件(逻辑、存储、算术运算

⊖　一个 ASIC 是用来测量的电路。它是最高性能的电路,同时也是最昂贵的,制作花费时间最长。

符、输入/输出)矩阵，以及一个或多个处理器。这种类型的电路使我们能够利用由硬件体系提供的并行计算和由可编程系统(微处理器)提供的高效顺序控制。利用可编程系统和可重构系统各自的性能可以提高整个已开发应用系统的适用性。在这种情况下，必须联合使用硬件/软件设计技术，而且在工具的发展方面需要付出巨大的努力[CTI 98]。

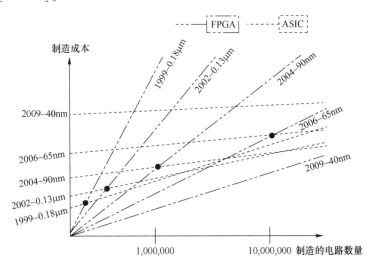

图 7.8　依赖于所用技术的 ASIC 和 FPGA 组件(SRAM)的成本模型

　　在今天，存在着各种各样的混合结构。图 7.9 说明了这些不同混合结构的可能性。在某种确定的电路中，可配置硬件部分和可编程部分被一个特定的总线分离。可编程部分包括微处理器系统整体：处理器核心、高速缓冲存储器、外围存储器以及接口等。Altera 公司的 Excalibur 处理器是第一个包含一个核心处理器的商业化电路，它包含一个 APEX™ 20KE 的 FPGA 和一个 32 位的 ARM9 处理器核心，以100MHz 的速度运行，还包含两个 8KB 的高速缓存(分别用于指令和数据)。不幸的是，当它发布时，辅助设计工具还没有达到足够成熟的程度以帮助它简单而有效地应用在工业方面。

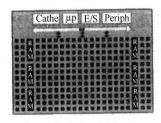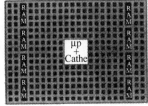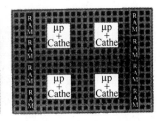

图 7.9　混合电路 FPGA 微处理器的 3 种可能结构

在某些电路中，处理器被嵌入到配置矩阵的中心。处理器并不一定必须带有系统，而可以由用于配置逻辑部分的软件工具来组成整个系统。这为编程系统的选择提供了更大的灵活性。Xilinx 公司选择了这种解决方案，并生产了它的第一个混合元件，Virtex-II Pro。它是由一个 Virtex-II Pro 矩阵、1～4 个 32 位的 IBM PowerPC 405 核心组成，运行速度标准为 400MHz，带有两个 16KB 的高速缓存（分别用于指令和数据）。这样的结构甚至使用在今天最新一代的 Virtex 组件当中。

应当指出的是，我们可以创建一个物理上不含嵌入 FPGA 处理核心的混合电路。在这种情况下，使用一个合成核心（称为软核心）是一个非常有效的解决方案，而它是由电路制造商免费提供的。例如，Altera NIOS［ALT 09］和 Xilinx MicroBlaze［SUN 09］32 位合成核心的使用是十分广泛的。当然，这种核心的性能不如嵌入式核心，但它们能提供更加灵活的配置。

无论是可操作资源或布线网络，FPGA 都可以采取不同的形式对其进行配置。然而，使用反熔丝技术的 FPGA 只能配置一次：也就是我们所说的 OTP（One Time Programmable，一次性编程）电路。注意"编程"这个词的使用，尽管 FPGA 电路是不可编程的（它们不执行程序），但是它们是可配置的（所能存储的 FPGA 所有功能和布线元件的配置使之能够运行应用程序）。可重构（可以多次配置）的 FPGA 使用了闪镀技术（非易失性存储器）或静态存储技术（易失性存储器，配置需要保存在一个外部的非易失性存储器中）。

在后两种情况下，在应用程序执行期间体系结构的重构可以以不同的方式完成。这种不会引发困难的情况只能在应用程序执行期间发生一次。在这种情况下，我们要讲一下静态重构。在这里，重构和应用程序执行过程在时间上是不同的、要明确分开的。在这两种情况下，将实行一种新的重构。首先，这可能是配置损失造成的结果，对于某些设备，这种配置损失可能是由于电源供应终止所导致的（这种情况出现在使用 SRAM 技术的 FPGA 上）。也可以由设计者激发应用程序的变型，如果该应用有缺陷或者可以改善（这种情况出现在原型机上）。

然而，对应用程序执行的深入研究可能发现体系的某些配置部分只在与执行持续时间相关的很短时间内是需要的，但在体系内占据一个巨大的空间。配置部分使用耗时和它在系统内占据空间的比例可能是很小的——因此产生了将时间动态引入到重构中的想法。当应用程序的一部分被执行，而且在一段时间内不会被再次执行的情况下，我们可以对它的专用元素进行重新分配，将它们用在应用的其他部分中。这个重构是与应用的执行并行实施的。

因此，动态重构使我们能够随着时间推移来优化配置表。鉴于只能实时地修改配置表的一部分这个问题，我们必须使用一个部分重构体系结构。缺点是，我们必须随着时间推移清楚地区分应用的分区以便利用电路的整个表面。可能出现碎片问题，就像发生在计算机硬盘中的情况一样［COM 99］。此外，我们必须正确地在分区间建立联系[DEL 07]。

图 7.10 以图示法表示了两种情况下应用执行中的重构过程：完整重构和动态部分重构。在应用运行时，与部分重构相比较而言，完整重构是静态的。在一定条件下，部分重构能使我们在不影响那些不能被修改的配置部分的情况下，完成运行过程中对电路部分的重构。在这种情况下，我们称为动态配置。对于图 7.10 中的每个案例，一个灰色方框代表一个配置元件，一个白色方框代表一个未使用元件。两个方框有着不同程度的灰度时，这表示它们用于运行应用当中截然不同的两个部分或任务(尤其是在部分重构的情形下)。

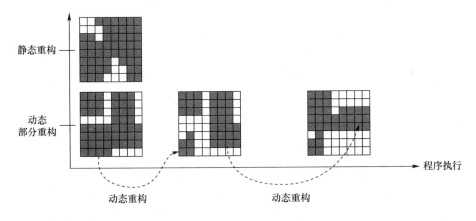

图 7.10   应用运行时的静态重构和部分动态重构[BOS 10]

在任何情况下，管理配置——特别是在动态重构的设想下——是一项复杂的任务。为了进行管理，通常都要安装一个辅助电路。这个电路可能是体系结构内部或外部的处理器。部分动态重构的解决方法是由 Xilinx 公司在他们的自重构系统中提出的，它基于使用 MicroBlaze 板载处理器[BLO 03；ULM 04]。

由于其配置能力、(动态)自我配置和部分重构，FPGA 是硬件更新的理想选择，并且能够因此减少许多电子产品功能性过时的情况。因此，3R 原则中的再利用可通过重构来实现。然而，必须要开发可重构的系统和体系结构以便可以随时间而进化。

7.4   可重构终端举例

近年来，我们目睹了通信系统(信息处理和交换系统、通信系统、监控系统等)的壮观繁荣的景象，其中包含了大量的机器，有时候还会有功能冗余。此外，对于这些系统，它们的发展是迅速的：但一个新的通信标准或一个新的服务出现时，我们观察到一种不正常的物理上加速过时的情况(产品并没有"技术上过时")。这种结果对环境的影响是非常真实的、可怕的。我们的主要思索诸如"如果新的服务或新的标准出现时我们要做什么"这个问题的答案。通过大量使用异构可重构体系来更新软件和硬件是其中一种设想的应对方式。当电路嵌入寿命很长的系统,比如居住环境(国内家具、家具等)、陆地交通(火车、货车、汽车等)、航空(卫星、飞机等)、工业(发电厂、工厂等)时将会变得非常有趣。从社会角度看,这会降低改变通信标准所产生的费用、增加服务发展灵活性、增加进入市场时间(包括硬件和服务)、减少由于通信系统使用寿命的延长导致的工艺垃圾,以及最后减少技术过时。因此,可重构异构体系在可持续发展的背景下代替了传统电路的位置。在这种背景下,其目的是用更少的硬件资源和能量资源提供更多的服务。

图 7.11 说明了一个可重构通信网关下的可能的工业环境,该网关称为"变色龙网关",可以进行重构和更新以兼容新的通信标准。这种体系结构的部分实施在植入 AODV［MAG 08］和 OLSR［RIB 09］算法的传感器网络环境中。图 7.12 描述了变色龙网关的内部结构,它以一个 FPGA 型的可重构硬件核心为中心。

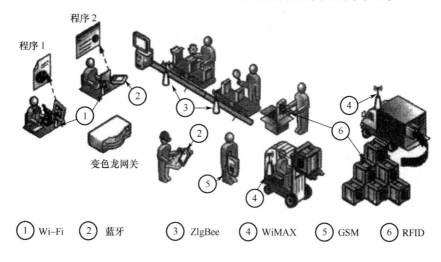

图 7.11　变色龙网关下的工业环境

为了解决我们之前讨论的微处理器再利用的相关问题,另一个研究提出创造可重复利用的电子系统［LEH 10］而不是使用 FPGA。这项研究所支持的可重复利用的电子系统设想包含两部分:一个负责固有应用程序的可重构 FPGA,和一个已安装芯片的系统,该系统被称为 FPESS(Field-Programmable Electronics Support System,现场可编程电子支持系统),它和应用程序固有的传感器和触发器一起作为可配置的接口。图 7.13 说明了一个可再利用的电子系统的概念的体系结构［LEH 10］。在这种条件下,与变色龙网关相比,部分重构不涉及任何可能的硬件更新——相反,这种情况下,为适应多种应用程序而使用重构则成为一个问题。

从应用的角度看,可以认为重构应用在几个不同的层次,以提高系统的灵活性

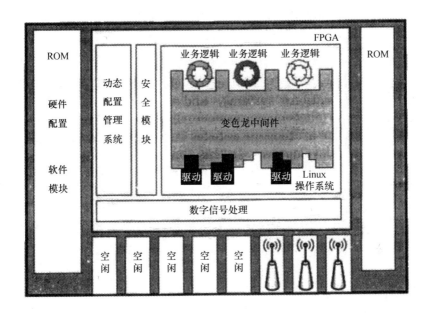

图 7.12　变色龙网关的内部结构

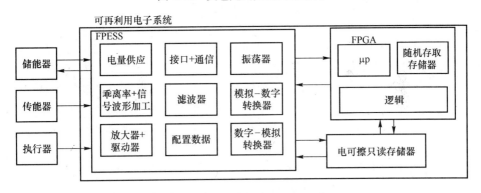

图 7.13　一个可再利用电子系统的概念结构[LEH 10]

和适应性。例如，在软件无线电（SDR）情形下，重构可以在波形处理层面 [DEL 07]和前端射频层面[DEJ 07]进行干预。这就是说，超越了适应和更新的层面，对于充分地管理现代通信系统而言，硬件重构所带来的能量消耗是必需的 [DEJ 07]。

人们对提出的为延长电子产品使用期而进行的硬件更新的最普遍异议在于经济环境方面。持有这种观点的人预测，电子产品制造商会不赞成旨在减少销售量的技术方案[FIP 09]——显然，电子产品生命周期延长的结果之一就是这些产品销售量的减少。然而，我们可以很容易地去计算机领域看看是否是软件的更新导致了这一部分的减少。结果十分明确，不是——相反，由于软件更新销售带来了令人印象深刻的经济活力。至于电路方面，这种策略会导致新的市场部门的出现：硬件更新销售。在某种意义上说，通过提出用销售服务来替代货物，这是一个电子产品经济实体化的问题。同时，利用重构技术，通过更迅速地推出产品可以减少产品进入市场的时延，这些产品的最初版本可通过更新来改进性能或功能。因此，促进以功能为基础的经济模型变得困难。

为了发展这一概念，在重构的标准化方面仍需要我们为之付出努力。今天，FPGA 的每个制造商都拥有配置自己系统的权利。为克服技术问题的一个解决方案可能源于对硬件系统的虚拟化概念的实施。一个虚拟的（公开或其他方式）可重构 FPGA（可部分或完全重构）可以被硬件更新开发人员使用以及被更简单地分配。今天，这个概念可能显得不切实际，可在将来，当电子产品所需的原材料、能量和制造成本昂贵得让人望而却步时，又会变成什么样子呢？

7.5　小结

在本章中，我们发现现在的电子产业还不是绿色的或可持续的，这两种说法并不是同一概念。为了实现这一目标，我们提出了一种新的方法，即通过硬件更新来减少电子产品的功能性过时，它基于可重构电路（如 FPGA）的可重构能力。然而，我们不认为单独用这一解决方案就能消除电子产品对环境的影响。为了迈向更加可持续的或者更加绿色的电子行业，必须针对几个重点技术问题进行联合探索，以寻求解决方案，如碳纳米管和石墨烯的使用。在微晶片制造水平上，新的装配方法，如集成电路的三维结构，或许是能够减少微电子生产中的能量需求的良好解决方案［WAN 10］。在系统水平上，减少电力消耗和能量消耗是一个重要的目标。然而，我们也必须考虑到使系统更加灵活、更加同质，便于再利用和重构。扩展到系统全部组件的虚拟化原则，可以提供有趣的解决方案。这些系统的设计必须受新的限制的引导，这种限制会考虑系统在发展中对环境的影响。这将涉及定义新的度量方法，它超越了简单的功耗层面。总之，这些方法必须依靠工程师培训计划的发展，以推广和改进实行。

7.6　参考文献

[ACT 10] ACTEL COPORATION, www.actel.com, 2010.

[ALT 10] ALTERA COPORATION, http://www.altera.com, 2010.

[ALT 09] ALTERA COPORATION, NIOS II Processor Reference Handbook, version 9.1, November 2009.

[BLO 03] BLODGET B., JAMES-ROXBY P., KELLER E., MCMILLAN S., SUNDARARAJAN P., "A self-reconfiguration platform", *Proceedings of 13th International Conference on Field-Programmable Logic and Applications (FPL 2003)*, Lecture Notes in Computer Science, vol. 2778/2003, p. 565-574, 2003.

[BOS 06] BOSSUET L., GOGNIAT G., PHILIPPE J.L., "Exploration de l'espace de conception des architectures reconfigurables", *Revue des techniques et sciences informatiques, série TSI, Architecture des ordinateurs*, vol. 25, no. 7/2006, p. 921-946, 2006.

[BOS 10] BOSSUET L., *Les architectures matérielles reconfigurables. De la modélisation à l'exploration architecturale*, Editions universitaires européennes, Saarbrücken, Germany, 2010.

[BRA 08] BRANHAM M.S., Semiconductors and sustainability: energy and materials use in integrated circuit manufacturing, Masters Thesis, department of Mechanical Engineering, Massachusetts Institute of Technology, Cambridge, MA, United States, 2008.

[BRA 10] BRANHAM M.S., GUTOWSKI T.G., "Deconstructing energy use in microelectronics manufacturing: an experimental case study of a MEMS fabrication facility", *Environmental Science & Technology*, ACS, vol. 44, no. 11, p. 4295-4301, 2010.

[COM 99] COMPTON K., Programming architectures for run-time reconfigurable systems. Masters Thesis, Dept of ECE, Northwestern University, Evanston, Illinois, United States, December 1999.

[COR 10] CORRIGAN K., SHAH A., PATEL C., "Estimating environmental costs", *Proceedings of the First USENIX Workshop on Sustainable Information Technology (SustainIT 2010)*, USENIX, p. 1-8, 2010.

[CTI 98] CTI COMETE (CENT, LIRMM, TIMA, IRESTE, IRISA, LAMI), *CODESIGN, Conception conjointe logiciel-matériel*, Eyrolles, Paris, June 1998.

[DEJ 07] DEJONGHE A., BOUGARD B., POLLIN S., CRANINCKX J., BOURDOUX A., VAN DER PERRE L., CATTHOOR F., "Green reconfigurable Radio Systems. Creating and managing flexibility to overcome battery and spectrum scarcity", *IEEE Signal Processing Magazine, IEEE Society*, vol. 3, p. 90-101, May 2007.

[DEL 07] DELAHAYE J.P., Plate-forme hétérogène reconfigurable : application à la radio logicielle, Doctoral thesis, University of Rennes 1, April 2007.

[DHI 10] DHINGRA R., NAIDU S., UPRETI G., SAWHNEY R., "Sustainable nanotechnology: trough green methods and life-cycle thinking", *Sustainability*, MDPI, vol. 2, no. 10, p. 3323-3338, 2010.

[DUQ 10] DUQUE CICERI N., GUTOWSKI T.G., GARETTI M., "A tool to estimate materials and manufacturing energy for a product", *Proceedings of the International Symposium on Sustainable Systems and Technology (ISSST 2010), IEEE Computer Society*, p. 1-6, 2010.

[EUG 08] EUGSTER M., HUABO D., JINHUI L., PERERA O., POTTS J., YANG W., Sustainable electronics and electrical equipment for China and the World. A commodity chain sustainability analysis of key Chinese EEE product chains, Report of the International-institute for Sustainable Development, 2008.

[FLI 08] FLIPO F., GOSSART C., "Infrastructure numérique et environnement : l'impossible domestication de l'effet rebond", *Actes du Colloque international Services, innovation et développement durable*, 2008.

[FLI 09] FLIPO F., GOSSART C., DELTOUR F., GOURVENNEC B., DOBRÉ M., MICHOT M., BERTHET L., Technologies numériques et crise environnementale : peut-on croire aux TIC vertes ?, Final report of the project Ecotic, Institut Telecom, 2009.

[HER 07] HEART S., "Sustainable Management of Electronic Waste (E-Waste)", *Clean*, Wiley InterScience, vol. 35, no. 4, p. 305-310, 2007.

[HUA 08] HUANG E., TRUONG K., "Breaking the disposable technology paradigm: opportunities for sustainable interaction design for mobile phones", *Proceeding of the Twenty-Sixth Annual SIGCHI Conference on Human Factors in Computing Systems (CHI 2008)*, ACM, p. 323-332, 2008.

[HUA 09] HUANG K., GUO J., XU Z., "Recycling of waste printed circuit boards: A review of current technologies and treatment status in China", *Journal of Hazardous Materials*, vol. 164, p. 3999-408, Elsevier, Paris, 2009.

[JOL 10] JOLLIET O., SAADRÉ M., CRETTAZ P., SHAKED S., *Analyse du cycle de vie. Comprendre et réaliser un écobilan*, 2nd edition, updated and supplemented, Presses polytechniques et universitaires romandes, Lausanne, 2010.

[KEM 05] KEMMA R., VAN ELBURG M., LI W., VAN HOLSTEIJN R., Methodology study eco-design of energy-using products. MEEuP methodology report, Van Holsteijn and Kemma BV, Netherlands, 2005.

[KRI 08] KRISHNAN N., BOYD S., SOMANI A., RAOUX S., CLARK D., DORNFELD D., "A hybrid life cycle inventory of nano-scale semiconductor manufacturing", *Enviro. Sci. and Technol*, vol. 42, p. 3069-3075, 2008.

[KUE 03] KUEHR R., WILLIAMS E., "Computers and the environment: understanding and managing their impact", *Eco-Efficiency in Industry and Science Series*, vol. 14, Kluwer Academic Publishers, Dordrecht, 2003.

[LAS 10] LASETER T., OVCHINNIKOV A., RAZ G., "Reduce, reuse, recycle or rethink", *Strategy + Business*, vol. 61, 2010.

[LEH 10] LEHMAN T., HAMILTON T.J., "Integrated circuits towards reducing E-waste: future design directions", *Proceedings of International Conference on Green Circuits and Systems (ICGCS 2010)*, p. 469-472, 2010.

[LI 10a] LI X., ORTIZ P.J., BROWNE J., FRANKLIN D., OLIVER J.Y., "Smartphone Evolution and reuse: establishing a more sustainable model", *Proceedings of the 39th IEEE International Conference on Parallel Processing Workshop (ICPPW 2010), IEEE Computer Society*, p. 476-484, 2010.

[LI 10b] LI X., ORTIZ P.J., BROWNE J., FRANKLIN D., OLIVER J.Y., "A case for smartphone reuse to augment elementary school education", *Proceedings of the International Conference on Green Computing (GREENCOMP 2010), IEEE Computer Society*, p. 459-466, 2010.

[MAG 08] MAGHREBI H., Etude et implantation FPGA d'un algorithme de routage auto-adaptatif pour réseau de capteurs sans fil, Masters Thesis, SUP'COM, Tunis, June 2008.

[MAX 04] MAXFIELD C., *The Design Warrior's Guide to FPGAs*, Elsevier, Paris, 2004.

[MCC 93] MCC, Environmental Consciouness; A Strategic Competitiveness Issue for the Electronics and Computer Industry, Microelectronics and Computer Technology corporation (MCC) Report, 1993.

[MUR 01] MURPHY C.F., Electronics, in International Research Institute, World Technlogy (WTEC) Division, WTEC Panel Report on: Environmentally Benign Manufacturing (EBM), p. 81-93, 2001.

[MUR 03] MURPHY C.F., KENIG G.A., ALLEN D.T., LAURENT J.P., DYER D.E., "Development of Parametric Materials, Energy and Emission inventories for Wafer Fabrication in the Semiconductor Industry", *Enviro. Sci. and Technol*, vol. 37, p. 5373-5382, 2003.

[NIG 10] NIGGESCHMIDT S., HELU M., DIAZ N., BEHMANN B., LANZA G., DORNFELD D.A., "Integrating green and sustainability aspects into Life Cycle Performance evaluation", *Proceeding 17th CIRP International Conference on Life Cycle Engineering*, p. 366-371, 2010.

[NOK 10] NOKIA, "Creating our products: Environmental impact", http://www.nokia.com/environment/devices-and-services/creat ing-our-products/environmental-impact, NOKIA corporate Website, 2010.

[OLI 07] OLIVER J.Y., AMIRTHARAJAH R., AKELLA V., "Life cycle aware computing: reusing silicon technology", *Computer, IEEE Computer Society*, vol. 40, no. 12, p. 56-61, 2007.

[RIB 09] RIBON A., Etude et implantation FPGA d'un algorithme de routage auto-adaptatif pour réseau de capteurs sans fil, Masters Thesis, University of Bordeaux, Talence, September 2009.

[SAL 08] SALLINGBOE K., "Where does your mobile phone go to die?", *Mobile Enterprise Magazine*, http://www.greenmobile.co .uk/images/news/memarticle.pdf, 2008.

[SCH 05] SCHWARZER S., DE BONO A., PEDUZZI R., GIULIANI G., KLUSER S., "e-Waste, the hidden side of IT equipment's manufacturing and use", *UNEP Early Warning on Emerging Environmental Threats*, no. 5, 2005.

[SHA 04] SHADMAN F., MCMANUS T.J., "Comment on the 1.7 kilogram microchip: energy and material use in the production of semiconductor devices", *Environment Science and Technology, ACS*, vol. 38, no. 6, p. 1915, 2004.

[SUN 09] SUNDARAMOORTHY N., Simplifying embedded hardware and software development with targeted reference designs, Xilinx White Paper, December 2009.

[ULM 04] ULMANN M., HÜBNER M., GRIMM B., BECKER J., "An FPGA Run-Time System for Dynamical On-Demand Reconfiguration", *Proceedings of the 18th International Parallel and Distributed Processing Symposium (IPDPS 2004)*, p. 135-143, 2004.

[WAN 10] WANG W., TEH W.H., "Green energy harvesting technology in 3D IC", *Proceedings of International Conference on Green Circuits and Systems (ICGCS)*, p. 5-8, 2010.

[WIL 02] WILLIAMS E.D., AYRES R.U., HELLER M., "The 1.7 kilogram microchip: energy and material use in the production of semiconductor devices", *Environment Science and Technology, ACS*, vol. 36, no. 24, p. 5504-5510, 2002.

[WIL 04] WILLIAMS E.D., AYRES R.U., HELLER M., "Response to comment on the 1.7 kilogram microchip: energy and material use in the production of semiconductor devices", *Environment Science and Technology*, ACS, vol. 38, no. 6, p. 1916-1917, 2004.

[XIL 10] XILINX COPORATION, http://www.xilinx.com, 2010.

[ZAD 10] ZADOK G., PUSTINEN R., "The green switch: designing for sustainability in mobile computing", *Proceedings of the first USENIX Sustainable IT Workshop (SustainIT 2010)*, USENIX Association, p. 1-8, 2010.

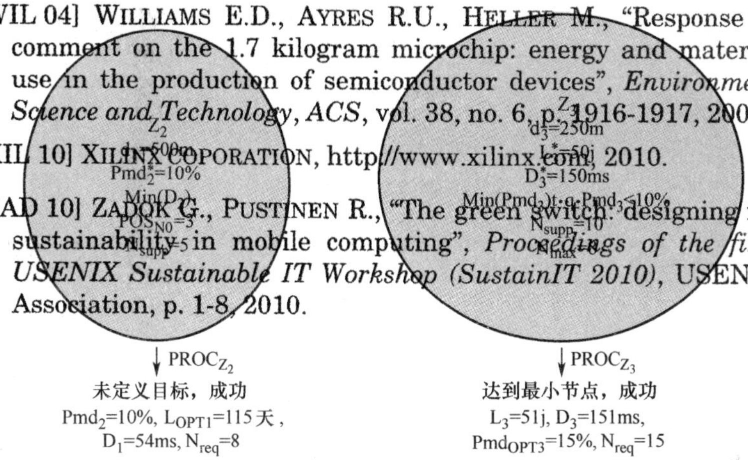

Z_2
$L_2=600m$
$Pmd_2^*=10\%$
$Min(D)$
$POS_{N0=5}$
$N_{supp}=5$

Z_3
$D_3^*=250m$
$L_3^*=50j$
$D_3^*=150ms$
$Min(Pmd)t \cdot q \cdot Pmd_3 \cdot 10\%$
$N_{supp}=10$
N_{max}

↓ $PROC_{Z_2}$
未定义目标，成功
$Pmd_2=10\%$, $L_{OPT1}=115$天,
$D_1=54ms$, $N_{req}=8$

↓ $PROC_{Z_3}$
达到最小节点，成功
$L_3=51j$, $D_3=151ms$,
$Pmd_{OPT3}=15\%$, $N_{req}=15$

图 9.8b　第二次迭代过程

总之，为适当配置一套设备（如位置、数量及参数），辅助部署程序是很重要的。这种程序的使用用于满足某些专业需求。基于不同系统要求标准的数学模型，进而给出优化配置策略，辅助部署程序相较于人的感性认识而言拥有众多优势（比如，最小化系统能源消耗、延长系统生命期、恰好的设备数量等）。同时，这些程序是可扩展的。此外，它们不仅可以用于系统的首次配置，而且可以用于系统运行条件发生变化时的再配置。

9.3.3　低能耗处理器

在本节中，我们将讨论绿色网络在低功耗嵌入式系统中的应用。事实上，在组成智慧城市的基础设施中，降低处理器功耗是必要的，尤其是城市运输体系或公共安全组织所应用的视频采集/传输处理器和 PMR（专业移动无线电）网络收发电台中。在深入研究两种特定技术之前，我们首先进行一个概述。

1. 背景

当今，随着电子技术的快速发展，我们的社会能源消耗速度持续加快。国际能源机构预测，到 2030 年全球电子设备的能源消耗量相当于当前美国和日本的国内消费总和。智慧城市的概念在这种背景下应运而生。未来我们将会被各种互连设备所包围——尤其是传感器、触发器、视频摄像头、BTS、数据服务器、个人电脑、智能手机等。如图 9.9 所示，由于处理器的发展，这些设备的能耗需求越来越大。为了应对这种不断变化的新功能和不断增长的计算力需求，处理器架构正飞速发展，其中典型的技术包括：多核，图形处理单元（GPU）以及其他硬件加速器。

然而，尽管新的硬件架构几乎能够满足设备的性能要求，但是在能耗方面尚未出现可喜的技术突破。因此，自治的嵌入式系统需要新的变革。

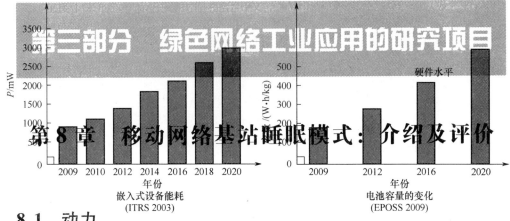

图9.9　设备能耗需求与电池电力的比较

第三部分　绿色网络工业应用的研究项目

第8章　移动网络基站睡眠模式：介绍及评价

8.1　动力

因此，减少依靠城市电力的系统的能源消耗，或增加依赖于电池驱动的系统的数据流量将会大幅增加。根据"CISCO-CIS-12"的研究，移动数据流量在2016年将增13倍，并预测其在2015年将达到2010年的26倍。这就引出了网络饱和的问题，因此运营商已经开始寻找更新移动网络的解决方案。所提出的解决方案中包括诸如降低频率复用率、用LTE-A技术构建一个额外网络层等手段来提高网络容量。

此外，运营商系统的能量消耗也越来越受到关注。环境保护和气候变化已成为全球关注的问题，使其可以工作在较低的电压。问题之一在于业界认为，信息和通信技术（ICT）占着超过2%的全球CO₂排放量[SCH 09]。随着接入网络的推广，维护和运营这些设备的大量能源也不断增加。降低移动网络的能源消耗已成为移动运营商和电信设备供应商的主要目标之一。

移动运营商已经开始把这些数据视为其战略中一部分，并着重要减少CO₂排放量。本章讨论的一流的解决方案，即将网络设备置于睡眠模式，可以显著降低能源消耗，尤其是基站收发台（BTS）。

这两种技术使我们能够以系统的实时负载自适应地激活或禁用其模块、修改其工作模式，并适应所需的最优性能级别——例如调整处理器的工作模式以协调数据的传送/接收，算法的复杂度和用户能要求。

8.2　把宏小区基站置于睡眠模式

8.2.1　基站收发器的结构

在移动网络中，BTS是能源消耗最大的节点（相当于总消耗量的近80%）[SAK 10]。巨大的BTS的体系结构，如图8.1所示，它由两个主要部分组成：

无线电模块：这部分主要是由一个数字信号处理模块（信息处理和编码），传输、发送/接收信号（Transmission Reception of the signal，TRX）和一个功率放大器组成；

启发式方法)。因此,如果性能级别大大降低,未来的某个活动可能被漏掉。这成为了学术界的研究热点,已有许多关于系统调度——在不影响性能的前提下,通过DVFS和DPM机制进行资源管理的文章[ITE 11;BEN 00;GOL 95;RUNTIME;2AF 05;LU 00;BAM 10]。

2. 动态电压/频率缩放

动态电压/频率缩放(DVFS)是一种允许我们在运行过程中调整电压/频率比率的技术,从而调整处理器功耗,以和实际运行程序所需功耗相协调。从能量的观点来看,与快速执行完程序,然后让处理器处于空闲状态相比,在很长一段时间内交错运行处理器更有效率(见图9.10)。

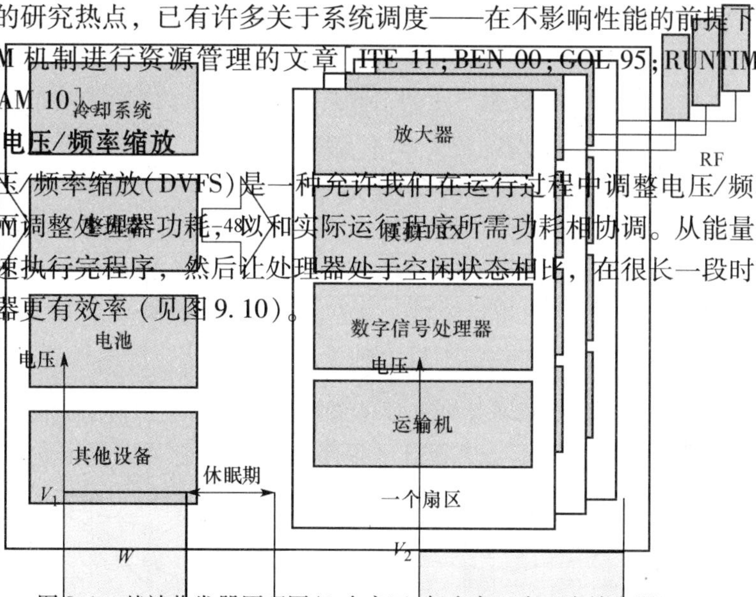

图8.1　基站收发器原理图(3个扇区,每个扇区有一个放大器)

——保障系统:这部分主要包括监测和控制模块,冷却系统,备用电池,整流器和其他辅助设备。此处被BTS各部件共享。

图9.10　DVFS的原理

DVFS的机制可以应用于不同层面:设计阶段、应用程序、操作系统。

8.2.2　BTS的能耗模型

设计阶段:在这种场景下,我们确定可以保证应用程序正确执行的最低频率。然后我们将其定为标准频率。通过这种方式,可以降低能耗。在此模型中,不用考虑紧急电池和冷却系统的能量消耗,因为这种消费在很大程度上取决于环境。

本研究中所用的BTS的消耗模型都是建立在测量的基础上。

在应用程序的层面,应用程序直接请求DVFS驱动。文献[BHL 11]展示了一个在OMAP3530/Linux系统中根据数据传输/接收速率自动调整处理器功耗的实例。

该模型基本上考虑的是无线模块、信号处理系统和TRX等。

数据传输速率受限于ZigBee的带宽。在这个例子中,传输速率未超过3.6Gb/s。因此,BTS没有必要使用处理器的全部能力(500MHz)来支持这个数据传输速率(见图9.11)。我们观察到:

功率放大器能源消耗最大,例如在这个3G的BTS中,放大器的能源消耗占BTS总消耗的50%~65% [ABI 10]。

BTS的能源消耗模型由两个部分组成:第一部分,P_{load}取决于工作负载的能量消耗(K),同时也取决于流量的变化;第二部分,P_{s}是用于提供设备(放大器,信号处理,运输等)的消耗,它是一个与负载相独立的常数。

1) 如果数据传输速率小于2kbit/s,处理器频率不需要超过125MHz;

2) 如果数据传输速率小于4kbit/s,处理器频率不需要超过125MHz;

3) 如果数据传输速率小于8kbit/s,处理器频率不需要超过125MHz;

$$P_{s} = P_{s,low} + KP_{s,load}$$ 其中……

例如,考虑一个节点B,它包括3个扇区,每个扇区含有两个载波,每个载波被一个放大器。其最大能量消耗为20W。根据流量的变化,使它能够实时地保持所需的最低应用程序能耗。特别地,该框架负责在工作负载消耗、资源和应用程序需求之间取得平衡。另外,该框架还决定何时处理器可以进入低功耗模式。"低功耗"调度算法使用DVFS(或DPM)机制监测资源何时未被利用("松弛时间")。该框架以掌握的信息——任务需求和可用的松弛时间,调整处理器的运

8.2.3　将基站置于睡眠模式的准则

　　流量的变化主要取决于通信时间。例如，我们可以看到在夜间（午夜 12:00 至次日 07:00）网络流量急剧下降。然而，能耗仍然居高不下，这是因为即使在没有通信流量的情况下，为其设备（放大器、传输网络等）的工作提供保障，BTS 需要保持恒定功率。在空闲时段，移动网络中的某些资源并不向用户提供服务，尽管如此也要不断地消耗能源。在理想的情况下，能源消耗的变化要跟随流量的变化而变化。图 8.2 最上面的那条曲线表示一天内整体能量消耗情况。然而，即使在低流量时刻，网络的能源消耗仍然相对较高。造成这种情况的原因是，BTS 的能量消耗并非纯粹地依赖负载，而是在一定程度上独立于负载。其能源消耗超过 BTS 的总消耗量的 70%。

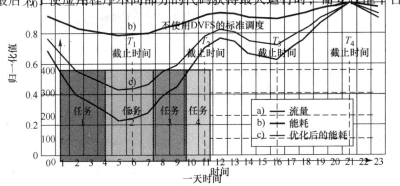

图 8.2　流量和能耗（底部的曲线表示为特定网站在一天的平均流量；中间的曲线表示了根据负载情况下能源消耗的理想变化，而目前网络真正变化由最上面的曲线表示）

　　为了大大降低移动网络的整体能耗，同时保证 QoS，我们在大规模网络中采用了睡眠模式，即在网络中的某些地方关闭某些不活跃或活动频率低的资源。这里的资源指的是 2G 网络中的发射器/接收器（TRX），3G/HSDPA 网络中的载波，甚至是整个系统（当 2G 或 3G 两个系统在同一网络上时）。

8.2.4　图解睡眠模式：2G/3G 异构网络

　　正如前面所讨论的，无论传输流量有多大，运营商实际需要一系列的活跃资源。例如在 2G/3G 的协作网络下[SAK 09]，BTS 可以把这两个系统（2G 或 3G）中的一个设置为睡眠模式。研究测试依赖于不同种类的 QoS 的两个 BTS，在为 TRX 或 3G 的服务分配最大网络流量计数器需获得的语音通信延迟和空闲状态的时间。4 给出的是低流量变化场景下的 BTS 能源消耗情况，这 3 种场景是：

式中，$t_{comm}/2$ 表示节点从应用程序接收数据包到发送传输警报之间的平均等待时间；CW 是争用时间（争用窗口）；WT_{length} 是报文的长度；S_d 是数据包发送时间。

Medagliani 等人在 TinyOS 上实现了级联 MAC 协议，并使用 Crossbow MICAz 节点和模拟器 Avroraz 测量了时延[AVR]。研究结果表明，当节点活动周期一定时，与 X-MAC 协议相比，级联 MAC 协议可以降低 10% 的多跳时延，如图 9.5 所示。

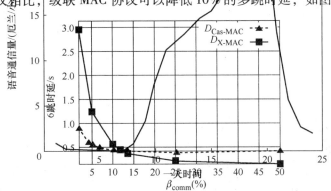

图 9.5　6 跳路径下两种协议时延比较（虚线表示级联 MAC，实线表示 X-MAC）

睡眠模式的 MAC 协议保证睡眠模式间的同步系统和非睡眠模式的兼枕场景使睡眠唤醒成议的信令过程能够协调问题的关键在于 2G 网络的基站能耗平衡和 [RoE TRX] 的功率协议的最佳功率达平点的保持数据转输的是使用 DIO 轮大 DODAG 不能采用睡眠模式适应细流所有的资源都在为路由服务选择其父节点。在 MAC 层，通过向 DIO 包添加唤醒时间，节点可以调整其活动周期以达到与其父节点活动周期的同步。

级联 MAC 协议是一种典型的低的系统线介质访问协议。像许多其他 MAC 协议一样，级联 MAC 协议的优化设计主要是针对某种数据传输模式——这里的数据传输模式就是多节点向中心节点集中传输数据。在无线传感器网络中，可以通过调整 MAC 层测定时延水平。

9.3.2　无线传感器网络的应用

当在城市基础设施中部署无线传感器网络时，需要确定系统的容量和节点的位置。这些选择将会影响系统的性能，如系统的生命期、延迟预警时间、非正常因素监测的可靠性等。

对无线传感器网络的性能进行数学建模是系统使用的第一步，所建模型需要尽可能考虑硬件和环境的影响。通过使用不同的优化函数，模型可以给出决策者与不同 QoS 相关的系统配置策略。睡眠模式在 2G 系统会异动价值的侧配置策略在生命期、反应性以及可靠性这些不同因素间的权衡折中。另外，对于决策者而言，其目标是确定能满足自己需求的最佳配置——包括避免使用过多设备或者不合适的参数设置。

在接下来的这一节中，我们将给出文章[MED]中的模型框架，以及一个利用该框架的迭代过程。下面介绍的模型和辅助程序适用于监测应用(如城市区域入侵检测)。当然，该模型的优点远不止这些。

1. 数学模型和优化

文献[MED]中提出的分析框架使我们能够以随机或确定性传感器网络实现监控系统，有以下几种性能标准：

Pmd(漏报概率)：这是在有事件发生(比如,某个目标的到达或者某现象的发生)而网络没能成功检测出来的概率。特别地，漏报概率取决于网络节点的警觉级别(如对地震波或红外信号的检测频率)、地理位置以及允许传感器互相协调感测结果的网络容量。

D(警报传输延迟)：这是警报传递到网关节点的延迟量。该延迟通常取决于MAC(介质访问控制)协议和使用的路由机制。

L(系统寿命期)：这个指标指出了理论上系统的可运行时间。它可以用许多不同的标准计算而得——例如，当至少有一个传感器耗尽能量而不能继续工作时。

该模型讨论了两种传感器部署方式：随机型，即节点随机分布；确定型。

因此，通过使用优化函数，我们可以根据决策者自身目标和实际限制得到最佳配置方案。这有助于理解系统底层运作过程中不同因素间的权衡。例如，我们的目标可能是在一定的警报延迟限制下，最大化成功检测概率。图9.6显示了在一定漏报概率和传输时延的限制下，使用X-MAC和级联MAC两种不同协议时系统生命期的变化曲线。

图9.6　在满足一定漏报概率和传输时延的条件下系统最大生命期示意图
(实线表示X-MAC，虚线表示级联MAC)

8.2.5　睡眠模式的实施

在一个给定的系统中我们针对采用睡眠模式的一定数目的资源提出了两种应用机理：

1. 动态睡眠模式的实现，根据在蜂窝小区中的瞬时负载情况，资源实时地被激活/停用。资源的激活/停用时间长度大概为几分钟，这主要取决于宏小区中电话的接入和断开的速度。

2. 半静态的睡眠模式的实现，资源在更长的时间段(约1.5h)保持睡眠模式，以尽量减少资源的激活/停用的数量。这种模式机理实现起来比动态睡眠模式简单得多。

在下文中，我们对2G和HSDPA系统采用如上两种方法。

1. HSDPA

在HSDPA情况下的睡眠模式的实现包括依据流量激活/停用某些载波(每个载波容量均为5MHz)。图8.5显示了一天的平均数据流量。图8.6显示了3种场景分别对应24h内平均数据流量的能源消耗情况。我们可以看到，动态睡眠模式在全天都产生了显著收益，而半静态睡眠模式仅仅在平均流量低的情况下才明显受益。

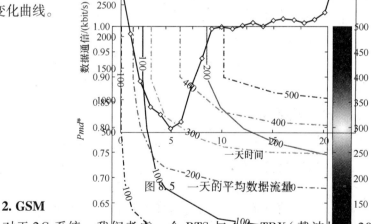

图8.5　一天的平均数据流量

2. GSM

对于2G系统，我们考虑一个BTS与4个TRX(载波均为200kHz)的场景。图8.7给出了对应于一天的音频服务的平均流量下(见图8.3)，2G收发基站的能量消耗。在采用睡眠模式后，能量消耗大大降低。在流量低的时候(21:00至次日05:00)，上述两种机制产生相同的增益，而在流量高峰时期，动态

对于一个给定的 MAC 协议，决策者可以看到达到最大生命期的条件，在这种特殊的情况下，我们要在更好的反应性(较低的 D 值)和更好的可靠性(较低的 Pmd 值)间做出平衡。同时，可以看出两种不同 MAC 协议，对于达到最大生命期，级联 MAC 的限制条件更严格。

总之，在理论框架下建模分析传感器网络的性能是一件复杂的事。尽管对于系统性能标准的某些方面进行了简化，但所建模型依然为决策者提供了一个评估传感器网络性能的具体方法。特别地，其一方面可以帮助在系统不同评价标准间做出平衡，另一方面，有助于我们评估不同协议的效果。

2. 迭代配置过程

上一部分中提出的分析框架是协助决策者的第一步。然而，它仍然不能满足决策者的某些需要，例如，为达到某一可靠性水平需要多少节点？或者在所选取的延迟和节点数量基础上我们多能处理的最大区域是多大？在[GAY 11]中，我们给出一个用于在满足某种参数条件下，比如，检测范围，选择系统配置参数的程序。特别地，该程序可以给出在满足几种不同实际环境条件下，为达到某一系统要求，所需的最小节点数量、节点位置以及参数。通过这个程序，决策者得到了绿色配置方案：避免了使用过多机器或者系统配置高于实际应用。

配置程序如图 9.7 所示，其主要包括以下几个步骤：

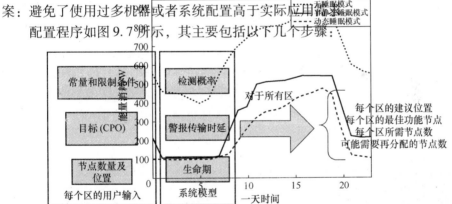

图 8.7　3 种场景下 2G 系统的能源消费：动态睡眠模式；半静态睡眠模式；没有睡眠模式

8.3　微小区异构网络的睡眠模式

在前面的章节中，经典的宏小区网络的基站收发信机中采用的是睡眠模式。然而，目前的移动网络体系结构不能维持移动流量的指数级增长，这种增长模式在不久的将来可以不断被预测出。为了满足目前移动网络容量个体支撑增加的流量，在 LTE-Advanced 等未来技术中，部署微小区构成了一个有效的解决移动网络容量饱和问题的方案。如果把这些微小区安装在宏小区范围的边缘也能够扩大蜂窝网络的覆盖范围。

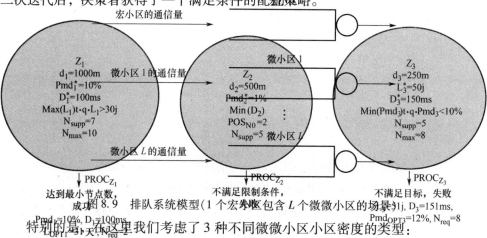

微微小区是微小区的主要类型，通常将其布置在某些建筑的内部或外部（办公室、商场、车站和机场等）。它的覆盖范围约100m，具有低成本和低传输功率。移动运营商安装的微微小区通常在城市地区，以分流宏基站的流量。

① 区域的特征；
② 区域内节点部署位置的特征；
③ 区域内节点数量；
④ 每个区域内的优化过程，包括以下阶段：
① 确定区域内某个节点的操作，修改区域内传感器网络的特征（节点位置、参数等）；
② 检测区域内是否存在传感器网络，存在则定义该网络的参数配置；
③ 确定可能需要使用的节点数量或修改阶段1定义的性能标准；
5）增加区域内节点数量或修改性能标准的定义，进而逐个区域重复优化过程；
6）区域内每个节点配置策略的实际应用。

根据不同的执行模式，该优化过程包括确定所需的最小节点数量、最大区域范围、甚至可以在预定的位置放置部分节点。确定最少节点数量时，如果将某区域始终保持在低水平，那么还可以均衡优化小型蜂窝小区的能量效率。在新增加或减少的节点数量基础上重复执行阶段4的①和②。

8.3.1 小型蜂窝小区的能量效率

在过去的几年中，越来越多的研究集中在蜂窝小区的小型化部署对移动网络的能效和性能的影响。最近的研究文献[RIC 09, SAK 11a, SAK 11b]显示，与现有蜂窝无线网络相比，基于密集小型蜂窝小区部署的新型蜂窝无线网络架构相对更为高效。

在详述小型蜂窝小区睡眠模式设置方法之前，我们先在本章节定量分析一下小型蜂窝小区的能耗和移动网络的性能。我们将使用"能量效率"作为比较标准。能量效率为区域拥有相同的网络流量、覆盖范围、性能机制、静态模拟、链接预算时来计算覆盖范围。通过排队论来计算系统容量，其中每个小区（微微小区或宏小区）都使用处理器共享(Processor Sharing, PS)的队列（见图8.9）。

图9.8a和9.8b显示了这些配置应用到不同区域的过程 Z_1、Z_2 和 Z_3。对于区域 Z_1，它需要重新分配5个节点，对 Z_2 或 Z_3 通过放宽约束条件为区 Z_3 增加5个节点，第二次迭代后，决策者获得了一个满足条件的配置策略。

图8.9 排队系统模型（1个宏小区包含 L 个微微小区的场景）

特别的是，这里我们考虑了3种不同微微小区小区密度的类型：

——低密度类型：每个宏小区中包含2个微微小区；

——中等密度类型：每个宏小区中包含4个微微小区；

或事物（如传感器类触发器、RFID标签）通过互联网连接起来而构成新的网络。作为电信行业，能量效率被定义为每兆比特的流量。图8.8给出的是包含不同微微小区数量的宏小区的性能和能源效率。结果显示，在保持相同速率的情况下，物联网和M2M网络的总流量，每个微微小区都采用了多路数的部署原则。

通过设定微微小区应用的容量和能量效率，其中容量被定义为网络流量峰值应用是系统工程师可以更容易地集成新的设备。网络假设内20MHz于6GHz带宽的LTE场景解决方案，而无需考虑具体软硬件的差异性。由于这些机器设备的不断发展，无论从金融还是实用角度来看，这种趋势是不可避免的。针对绿色网络而言，主要问题就是为物联网和M2M建立标准规范，以保证物联网和M2M类型的基础设施在未来的几十年之内快速发展，从而避免硬件更新的高昂代价。

关于M2M的标准化工作，不得不提的是欧洲电信标准协会（ETSI）正致力于该研究的一个工作小组。在2011年末，ETSI发布了ETSI M2M架构的第一个版本（版本1.0）。基于REST架构标准，ETSI M2M结构定义了不同设备之间的接口、网关及核心网。此外，ETSI M2M还为出版物定义了一个表示不同实体（设备、网关、应用程序）、数据的符号模型。ETSI M2M架构基于HTTP和CoAP协议。

表8.1的性能结果表明随着每个宏小区内微微小区数量的增加，系统容量也在增加。考虑到随着基础设施的增加表现越大，不系系统容量的增长速度反而减缓（系统容量在4个或10个微微小区的情形中相差不大）。这是由于微微小区数量的增加会带来地理空间的频率复用（为了服务小区中用户，每个微微小区复用整个小区的频率资源），这也带来了更多的小区间干扰，当网络比较密集时，频率复用带来的好处就会被建筑能源使用率的应用抵消。

能量效率取决于两个参数：微微小区的密度和每单位小区的能耗，就微微小区的密度而言可避免小区都较费系领额的能量消耗，如前面所提出的那般，一开始的时候能量效率是随着微微小区数量增加而增加的，但随着网络变得密集，能量效率开始下降，微微小区的单位能耗作用是显而易见的，小区消耗的能量越少，网络的能量效率越高。

8.3.2　将小型蜂窝基站置于睡眠模式

然而许多问题仍然有待解决：虽然法律做出了规定，但还没有建筑公司或保险公司能在建筑结果期能耗网络通信流量较高达主要高峰时间接近网络最大容量时，其能源效率情况维护在那阶段，即通信流量较低时可随着时间的推移，有通信过程建与网络耗能解决办法。理想提案能量效率，我们引入睡眠模式的办法来降低能耗，探测研究引入睡眠模式对微微小区的影响仅通过传感器收集内部信息历的所需数据流量部如图8.9所天，图8.10显示的是微微小区为了达到目标QoS而被激活的次数，建筑期段最多需能包被激活、而在低流量时段物理有3个设备个被激活，然而至没有被激活少图有通讯功能，由睡眠模式标准的睡眠模式的通情功能微微小区也实能耗降低了，而经计算得到的平均能源效率却增加了 15%。

就像以太网和 TCP/IP 标准成为了桌面系统的标准一样，6LoWPAN（IEEE 802.15.4 或 CPL）、RPL 及 CoAP 标准的采用将可以大大简化建筑物能耗管理通信网络的建设。然而，关于哪种技术更合适，出于"民主"的角度考虑，需要从实际真正降低系统成本的多少决定，就像 Android 真正促进了智能手机价格的下降。

OSAmI[OSA] 项目旨在为环境智能提供模块化的开源解决方案，值得注意的是，它的一个子项目就是建筑能源管理。其提议的架构是：

——由低能耗微控制器控制的传感器（温度、湿度、光、强度等）和触发器（电源插座断电）。许多不同的低能耗通信模式可供选择：IEEE 802.15.4、CPL（Watteco）；或 RS-485 工业连接。

——互联网关：通常位于每个楼层，这个网关提供了一个 Web 接口，由基础设施管理维修人员配置。

——后台服务器：包括一个面向建筑管理者的管理入口，用于存储监测信息的数据库等。

图 8.10　被激活的微微小区数量

OSAmI 与法国的 INEED 有合作关系，其法国总部是一座高"环境质量"建筑，是绿色建筑的典型代表。

在这种合作背景下，OSAmI 设计了一个基于传感器的基础设施，以满足能源监管的需求。之后该解决方案应用到了试点部署的实验房屋，用于绿色建筑技术的测试。在这些测试中，OSAmI 的解决方案第一次实验证明了绿色建筑技术的实用性。

通信技术的快速发展——通信标准以及开源软件平台——将会改变我们设计和管理建筑能源消耗的方式。另外，决策者必须了解这些设备的能源使用率，以达到真正降低能源消耗的目的。

9.4　小结

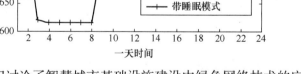

在这一章，我们讨论了智慧城市基础设施建设中绿色网络技术的应用。我们已经介绍了一系列技术，这些技术可以优化嵌入式传感器系统的使用，比如，减少设备数量。

8.4　技术实施的总结和思考

之后，我们讨论了技术标准在保证技术持久性方面的重要性，并给出了一个使用这些技术来管理建筑能耗的例子。

vanced 系统下已经表明，微微小区的部署能够增加网络的容量，但并不始终是一个节能的方案，因此，微微小区睡眠模式的实施，使得其能够在增加容量的同时保持能源效率。

最后，我们指出睡眠模式方案在实施过程中遇到的实际限制，例如，在一个多系统的基站（2G/3G）中，将 2G 系统置于睡眠模式下能获得可观的收益，然而这只能在服务区域内所有的手机都已更新连接至 3G 网络的情况下完成。另一个例子是 HSDPA，在这里我们假设一个可以将特定载波置为睡眠模式的模型架构，该就要求有多个载波放大器或多个功率放大器，然而目前倾向于使用多载波放大器以保证在相同的频带覆盖多达 3 个载波，这样在新基站中实施睡眠模式就显得不现实。蜂窝网络的睡眠模式在将来成为现实，而基于该机制必须适合于将来基站网络的架构。应用前景的例子是，在 3G 网络中，有几层频段（例如 900MHz 和 2100MHz），这就不可避免地需要部署至少两个放大器给每一个频段。另一个例子是目前正在推行使用的 LTE 网络，它能够充分利用 MIMO 信道输出的优点，其中每个基站都具有多个传输信道，而通过这些场景，可以通过睡眠模式的使用来使功耗得到降低。

8.5 参考文献

[ABI 10] ABI RESEARCH, *Equipment and RF Power Device Analysis for Cellular and Mobile Wireless Infrastructure Markets*, 1Q 2010.

[CIS 12] CISCO, *Cisco Visual Network Index: Global Mobile Data Traffic Forecast Update, 2011-2016*, White Paper, February 2012.

[GIL 11] GILMORE M.K., DÉJEAN N., MOHLER D., STUEBING G., HAEMELINCK S., TOURANCHEAU B., POPA D., JETCHEVA J., SHAVER D., CHAUVENE C., "A standardized and flexible IPv6 architecture for field area networks, smart grid last mile infrastructure", http://www.cisco.com/web/strategy/docs/energy/iar_arch_sg_wp.pdf, December 2011.

[ITE 11] ITEA2 Geodes *Power saving handbook*, http://geodes.ict.tuwien.ac.at/PowerSavingHandbook, 2011.

[KOP 10] KOPMEINER J., KING D., *RF Power Delivery*, LANCASHIRE S.1 MNTC, WARRISSTREET R., VANSSEUR J., 2Q 2010.

[RIC 09] RICHTER F., FEHSKE A.J., FETTWEIS G.P., "Energy efficiency aspects of base station deployment strategies in cellular networks", *Proc. VTC*, September 2009.

[LU 00] LU Y.H., BENINI L., MICHELI G., "Operating system directed power reduction", *Proc. Low Power Electronics Design*, Rapallo, Italy, July 2000.

[LU 04] LU G., KRISHNAMACHARI B., RAGHAVENDRA C.S., "An adaptive energy-efficient and low-latency MAC for data gathering in wireless sensor networks", *Proc. Parallel and Distributed Processing Symposium*, Santa Fe, New Mexico, United States, 2004.

[SAK 09] SAKER L., ELAYOUBI S., SCHECK H.O., "System selection and sleep mode for energy saving in cooperative 2G/3G networks", *IEEE VTC*, Anchorage, September 2009.

[SAK 10] SAKER L., ELAYOUBI S.E., "Sleep mode implementation issues in green base stations", *IEEE PIMRC*, Istanbul, September 2010.

[SAK 11a] SAKER L., ELAYOUBI S.E., RONG L., CHAHED T., "Capacity and energy efficiency of picocell deployment in LTE-A systems", *Elsevier Ad Hoc Networks*, Special Issue on Cross-Layer Design in Ad Hoc and Sensor Networks, forthcoming.

[BAN 10] BANI M., *Power management in an embedded system*, Masters Thesis, University of Pisa, 2010.

[BEN 00] BENINI L., BOGLIOLO A., MICHELI G., "A survey of design techniques for system-level dynamic power management", *IEEE Transaction on Very Large Scale Integration (VLSI) Systems*, vol. 8, no. 3, June 2000.

[BIL 11] BILAVARN S., RODRIGUEZ L., CASTAGNETTI A., "A video monitoring application for wireless sensor networks over 802.15.4", *Proc. 2nd Workshop on Ultra-Low Power Sensor Networks, WUPS 2011*, Como, Italy, 23 February 2011.

[GAY 11] GAY V., LEGUAY J., FERRARI G., MEDAGLIANI P., *Procédé et dispositif de configuration d'un réseau de capteurs sans fils*, deposed, patent ref. 10006(BFP10P050), patent filed in April 2010 at INPI, extended in 2011 to the United States and others.

[GOL 95] GOLDING R., BOSH P., WILKES J., "Idleness is not sloth", *Proc. USENIX Winter Conf.*, New Orleans, 1995.

[MED 11] MEDAGLIANI P., FERRARI G., GAY V., LEGUAY J., "Cross-Layer design and analysis of WSN-based mobile target detection systems", *IEEE XTC*, Budapest, May 2011.

[SLAK07] S. SAKHAN, D. R. AMORAHIN, M. A. HAMDAH, S. HUW, "Dynamic voltage and capacity and the energy efficiency of IEEE and energy networks", IEEE PIMRC, Toronto, Canada, September (2011 CO) conference, Bursa, Turkey, 2005.

[SCH 09] SCHECK H.O., "CO_2 Footprint of Cellular Networks", The Green Base Station Conference, Bath, UK, April 2009.

[ZAF 05] ZAFALON, R. BACCHETTA, P. "RT-OS: run-time power management for mobile terminals", Embedded Systems Conference, San Francisco, United States, March 2005.

网址

[AVR] http://citavroraz.sourceforge.net.

[CAL] http:// www.ict-calipso.eu.

[M2M] http://www.etsi.org/website/technologies/m2m.aspx.

[MAC] The MAC Alphabet Soup served in Wireless Sensor Networks http://www.st.ewi.tudelft.nl/~koen/MACsoup.

[MIC] MicaZ, http://www.openautomation.net/uploadsproductos/ micaz_datasheet.pdf.

[OPE] http://en.wikipedia.org/wiki/Open_data.

[OPE b] http://www.openmote.com.

[OSA] http://www.itea-osami.org.

[ROL] https://datatracker.ietf.org/wg/roll/charter.

[RUN] Runtime Power Management, Linux Weekly News, http://lwn.net/Articles/347573.

[SMA] http://www.smartsantander.eu.

[TEL] TelosB, http://www.willow.co.uk/TelosB_Datasheet.pdf.

[TIN] http://www.tinyos.net.

更一般地，图 9.13 表示在 OMAP3530 平台下使用 DVFS 机制时，我们所估计出的功耗增益。其中关于所测试的应用程序包括以下信息：空闲时间与活动时间。为此，我们假设能够对数据进行缓存，空闲时间与活动时间的比率就给出了一个使用 DVFS 机制时可以近似达到的能耗增益。因此我们可以看出，限制来自于函数的有效点，当比率超过 200% 时，能耗的增益不再有很大波动，稳定在 40% 左右。

9.1　简介

图 9.13　OMAP 3530 平台下使用 DVGS 机制的例程在不同活动/睡眠比下的能耗增益

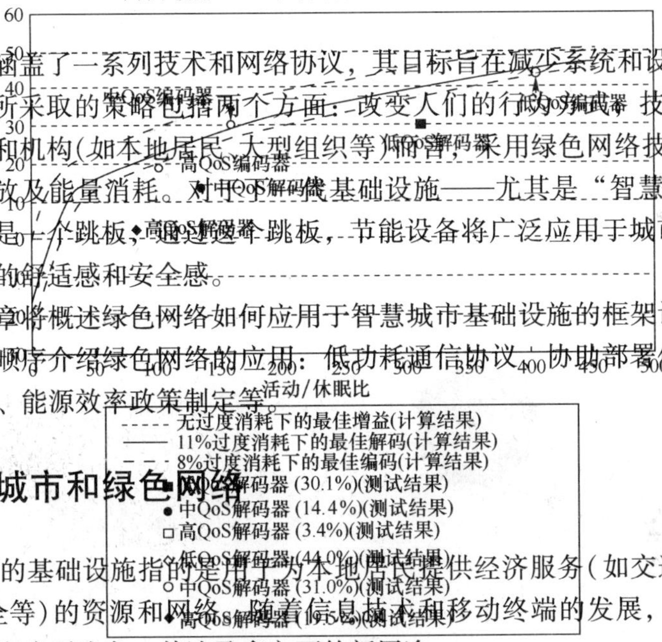

绿色网络涵盖了一系列技术和网络协议，其目标旨在减少系统和设备的能源消耗。绿色网络所采取的策略包括两个方面：改变人们的行为、技术和经济投资。对于个人和机构(如本地居民、大型组织等)而言，采用绿色网络技术有助于减少他们的碳排放及能量消耗。对于城市基础设施——尤其是"智慧城市"而言——绿色网络是一个跳板，通过这个跳板，节能设备将广泛应用于城市系统建设，这将提高市民的舒适感和安全感。

首先，本章将概述绿色网络如何应用于智慧城市基础设施的框架设计。其次，我们将按以下顺序介绍绿色网络的应用：低功耗通信协议、协助部署传感器网络、低能耗处理器、能源效率政策制定等。

9.2　智慧城市和绿色网络

一个城市的基础设施指的是用于为城市居民提供经济服务(如交通运营、信息服务、公共安全等)的资源和网络。随着信息技术和移动终端的发展，新一代的城市基础设施逐渐崭露头角，其涉及多方面的新用途。

智慧城市(见图 9.19 和图 9.20)将采用多种新的用途，比如：

为了提供这类智能监测，我们通过测量的监控值(数据)来处理器档的负载状况和紧急情况。该模型考虑了处理器不同运行条件(电压/频率对)、不同应用条件，用于气象数据测试如天气预报、闪电、温度等因素的影响，如图 9.14 照明条件、火灾监测、CBRN(化学、生物、辐射和核)突发事件监测等。

3.　睡眠模式或 DPM 应用。 可用于公共交通系统(比如公共汽车、地铁等)服务、自助动态电源管理(DPM)是与 DVFS 非常类似的一种机制。它们具有不同的睡眠模式，实现资源调配的功耗类似，能尤 DVFS 机制的策略是通过将处理时间最大化以减少空闲时间，事件处理组织 DPM 则是通过将处理器置于睡眠模式以不同级态消减功耗策略操作，其技术使用 DPM 机制的成本在于活动状态与睡眠状态相互之间切换的消耗。一般而言城市管理服务维护系统共同通信达到 ID、天气预报、污染、突发事件应对选择使用 DPM 还是 DVFS 取决于应用程序的需求。如果该应用程序存在长时

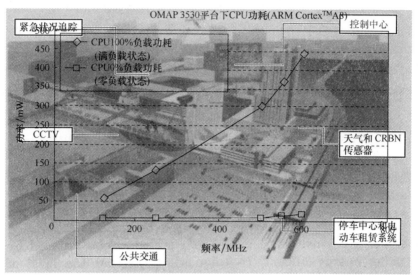

图 9.14 在不同的 DVFS 模式下 ARM Cortex™ A8 处理器功耗特征

间的不活动状态，那么选择 DPM 比 DVFS 将提供更好的功耗增益。如果希望保持应用程序的反应性，我们就倾向于选择 DVFS 机制。此外必须指出的是，DMP 导致的另一个问题是——如何唤醒处理器——可以通过计时器或外部事件触发(警报)。

图 9.15 是在 OMAP3530 平台下使用 DPM 机制时，我们近似估计出的能耗增益，该增益取决于空闲时间和活动时间之间的比值。可以看到，该比值大于5.000%时，DPM 比 DVFS 更有优势，功耗增益超过 90%。

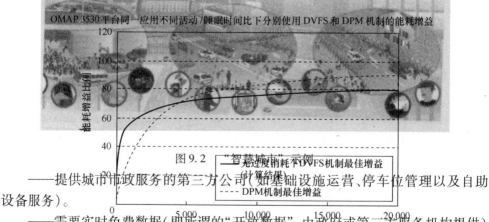

图 9.2 "智慧城市"示例

——提供城市市政服务的第三方公司(如基础设施运营、停车位管理以及自助设备服务)。

——需要实时免费数据(即所谓的"开放数据"，由政府或第三方服务机构提供)的应用程序。

对于智慧城市的基础设施建设而言，根据你的需求以及团队的不同，选取DVFS 或者 DPM 都可以降低设备处理器的功耗，这是非常重要的，它能够帮助提高公民的安全感与舒适感。然而，为了确保公共资源(如传感器，计算设施、数据)服从多种约束条件(如健壮性、可靠性、延迟等)的应用程序的可用性和安全性，许多技术和组织结构仍然需要得到讨论的技术发展(例如，低功耗协议、小型化硬件等)，越来越多的嵌入式服务将使用这些传感器设备。在未来，城市的现有设施建议必须实现系统的重复利用，必须实现无线通信协议、计算功能、能耗和延迟处理。在通信阶段，将 MAC 协议整合到路由协议的系统要求可能极其必要，这是绿色网络应用度将绿色技术应用在不同类型的维数据的传感器网络和系统互联。

考虑到设备的生命期问题，随着系统运行时间的推移，如何在保证系统稳定性的前提下，让新的服务能够方便可靠地加入原系统是我们面对的主要问题。

9.3 智慧城市相关技术

根据城市级规模里 和 ETSI 城市基础设施的设想和实数据模型，而新建的城市将使用这些绿色网络基础设施只需要有限的投资即可。地讨论方面技术，这些技术相关的技术资源利用效率，例如，减少所需设备的数量过度增加的软硬件重新协议添加到系统中。因此，采用合适的标准是绿色网络的一部分，因为这可以降低硬件报废或者软件不兼容引起的损耗。

9.3.1 低功耗通信协议

在智慧城市中将部署大量的传感器，这些传感器测量着环境并收集设备的相关信息数据，以用于我们的生活。它们将数据传输到一个使用低功耗技术的接收器。这些设备可能使用 IEEE 802.15.4 协议或 IEEE 802.11(低功耗 Wi-Fi) 协议。IETF (Internet Engineering Task Force，因特网工程任务组) 是一个致力于建立所谓的互联网无线网络缆缝范围功耗传感器网络通信在着各种各样的设备，方式相比，通过 IETF 以感数据仍不延迟传感器的通信地址能源报的功效减少城市基础设施性质和利用量中至不想城市将电影加参考卡以在其重建系统由如值传输或用 IP using IPv6 或存有相统优点:finali 满足的地址空间，端到端观察用这类转换 IP v6 的嵌入式操作系统(例如，Contiki，TinyOS 等)。

对于使用电池作为能源的设备的嵌入式设备的协议 WICA 现有的 IP Tetos 基或多种物理层(例如，蜂窝网络能耗 Wi-Fi，CPI 802.15 计算模块和传感器模块 RPI 用越多个因此为了保证的数据网络的命备期，R需要(Routing over low power and自适应功率传输、将无线芯片置于睡眠模式、基于节点剩余能量的路由机制等。

6LoWPAN 的 IETF 工作组在 6LoWPAN 中描述了 IEEE 802.15.4 中 IP 数据包的封装。MAC 用 IPv6 数据包在低功耗网络损耗网络热的传输该该协议相关的 RFC (请参考注释) 中定义 IPv6 数据包和那 IP 数据包的 MAC 压缩(RFC 6282)进所标是将 IPv6 和 UDP 包头分别压缩到 4GB 和 8重节 IP v6 数据包的分片和重组以及6LoWPAN 物理层编码和重复等其他功能MO 传输、自适应功率传输、差错控制机制尽管这些机制是在 IEEE 802 层定义的标准，它里也可以复用重叠能量层路径选机制遵循 IEEE 802.15.4 的寻址方式和 MAC 协议。例如，可以用于 IEEE

2. 级联 MAC 协议

　　无线传感器网络（WSN）中最基本的传输模型就是从源节点向中心点传输信息。图 9.3 展示了该场景下的树状结构。假设传输路径相对稳定，一种较好的 MAC 机制是沿传输路径顺次激活节点。因此，无论芯片活动/睡眠周期是多少，由此导致的延迟将降低。D-MAC 协议描述了这种方法并且在 ns-2 上进行了模拟，模拟过程假定节点相互之间完美同步。

　　在文献［MED］中，Merlachkian 等人介绍了级联 MAC 协议，其思想来源于 D-MAC，并对其在实际应用进行了显著改进，尤其是采用了节点和传输路径的互同步机制。级联 MAC 协议的主要特征如图 9.4 所示。

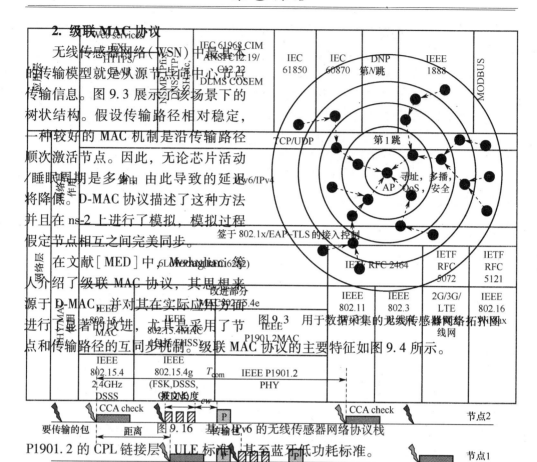

图 9.3　用于数据采集的无线传感器网络拓扑图

图 9.16　基于 IPv6 的无线传感器网络协议栈

　　P1901.2 的 CPL 链接层、ULE 标准，甚至蓝牙低功耗标准。

　　RPL：RPL 是一种灵活和动态路由协议，其设计初衷是在一些较差的环境下，比如较低的连接速度或潜在的高错误率，使用尽可能少的控制成本。RPL 具有多种高级功能：如自适应通信量控制、支持多种拓扑结构，循环检测和时间不稳定性管理（通过全局或局部修复模式）。另一方面，大量其他工作正在进行中——特别是在欧洲的 CALIPSO 项目［CAL］——在一定的占空比下优化 RPL 的性能。

图 9.4　级联 MAC 协议中节点活动周期示意图

　　节点活动周期的交错性：每个节点都清楚地知道自身和目的节点之间的跳数。后者周期性地进行显式同步，即向所有节点广播自身的下一次活动时刻。因此，每个节点通过一个与自身在树状结构中深度成比例的时间差错开它的下一次活动时间。

　　CoAP：IETF 工作组 CoRE 定义了 CoAP 标准——约束应用协议——其目的是在受限制环境下支持 REST 类应用程序。CoAP 是一个类似于 HTTP 的 Web 协议，其更侧重应用于约束装置。此外，CoAP 支持大规模资源发现机制、组播通信、异步传输等。

　　数据包的传输和中继：每个节点的活动周期内，要在其传输路径上的下一个节点开始控制传输过程之前发送传输警报。因此，有数据包需要传送的节点要发送一个短报文，以使接收节点保持活动状态，用于接收数据包。

　　总之，IETF 基于 6LoWPAN、RPL 和 CoAP 定义了一组 IP，以使我们能够将受限设备整合到 IT 系统中，同时保证该设备与因特网应用和设备的互操作性。

　　每一跳传输的时间延迟如下：

$$D = t_{comm} + CW + WT + S$$

2. 物联网和 M2M

　　物联网（The Internet of Things, IoT）是一个新的概念，指的是将众多的通信主体式中，$t_{comm}/2$ 表示节点从应用程序接收数据包到发送传输警报之间的平均等待时间；CW 是争用时间（争用窗口）；WT_{length} 是报文的长度；S_d 是数据包发送时间。

Medagliani 等人在 TinyOS 上实现了级联 MAC 协议，并使用 Crossbow MICAz 节点和模拟器 Avroraz 测量了时延[AVR]。研究结果表明，当节点活动周期一定时，与 X-MAC 协议相比，级联 MAC 协议可以降低 10% 的多跳时延，如图 9.5 所示。

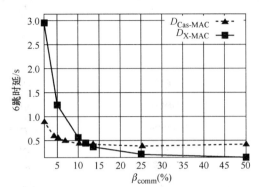

图 9.5　6 跳路径下两种协议时延比较（虚线表示级联 MAC，实线表示 X-MAC）

级联 MAC 协议为保证节点之间的同步，使用了一种向下扩展机制：使用路由协议的信令调整节点活动周期的频率。RPL（Routing Protocol for Low power and lossy networks）协议是由 IETF 下的 ROLL 工作组[ROL]开发的，该协议尤其适合多点对单点的持续数据传输。通过使用 DIO 包（DODAG 信息对象）和自适应细流机制，节点可以在路由层面选择其父节点。在 MAC 层，通过向 DIO 包添加唤醒时间，节点可以调整其活动周期以达到与其父节点活动周期的同步。

级联 MAC 协议是一种典型的低功耗无线介质访问协议。像许多其他 MAC 协议一样，级联 MAC 协议的优化设计主要是针对某种数据传输模式——这里的数据传输模式就是多节点向中心节点集中传输数据。在无线传感器网络中，可以通过调整 MAC 层测定时延水平。

9.3.2　无线传感器网络的应用

当在城市基础设施中部署无线传感器网络时，需要确定系统的容量和节点的位置。这些选择将会影响系统的性能，如系统的生命期、延迟预警时间、非正常因素监测的可靠性等。

对无线传感器网络的性能进行数学建模是系统使用的第一步，所建模型需要尽可能考虑硬件和环境的影响。通过使用不同的优化函数，模型可以给出决策者与不同 QoS 相关的系统配置策略。特别地，决策者可以看到不同配置策略在生命期、反应性以及可靠性这些不同因素间的权衡折中。另外，对于决策者而言，其目标是确定能满足自己需求的最佳配置——包括避免使用过多设备或者不合适的参数设置。

在接下来的这一节中，我们将给出文章［MED］中的模型框架，以及一个利用该框架的迭代过程。下面介绍的模型和辅助程序适用于监测应用(如城市区域入侵检测)。当然，该模型的优点远不止这些。

1. 数学模型和优化

文献［MED］中提出的分析框架使我们能够以随机或确定性传感器网络实现监控系统，有以下几个性能标准：

——Pmd(漏报概率)：这是在有事件发生(比如，某个目标的到达或者某现象的发生)而网络没能成功检测出来的概率。特别地，漏报概率取决于网络节点的警惕级别(如对地震波或红外信号的检测频率)、地理位置以及允许传感器互相协调感测结果的网络容量。

——D(警报传输延迟)：这是警报传递到网关节点的延迟量。该延迟通常取决于 MAC(介质访问控制)协议和使用的路由机制。

——L(系统寿命期)：这个指标指出了理论上系统的可运行时间。它可以用许多不同的标准计算而得——例如，当至少有一个传感器耗尽能量而不能继续工作时。

该模型讨论了两种传感器部署方式：随机型，即节点随机分布；确定型。

因此，通过使用优化函数，我们可以根据决策者自身目标和实际限制得到最佳配置方案。这有助于理解系统底层运作过程中不同因素间的权衡。例如，我们的目标可能是在一定的警报延迟限制下，最大化成功检测概率。图 9.6 显示了在一定漏报概率和传输时延的限制下，使用 X-MAC 和级联 MAC 两种不同协议时系统生命期的变化曲线。

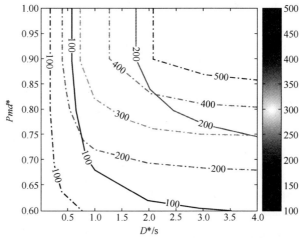

图 9.6　在满足一定漏报概率和传输时延的条件下系统最大生命期示意图
(实线表示 X-MAC，虚线表示级联 MAC)

对于一个给定的 MAC 协议，决策者可以看到达到最大生命期的条件，在这种特殊的情况下，我们要在更好的反应性(较低的 D 值)和更好的可靠性(较低的 Pmd 值)间做出平衡。同时，可以看出两种不同 MAC 协议，对于达到最大生命期，级联 MAC 的限制条件更严格。

总之，在理论框架下建模分析传感器网络的性能是一件复杂的事。尽管对于系统性能标准的某些方面进行了简化，但所建模型依然为决策者提供了一个评估传感器网络性能的具体方法。特别地，其一方面可以帮助在系统不同评价标准间做出平衡，另一方面，有助于我们评估不同协议的效果。

2. 迭代配置过程

上一部分中提出的分析框架是协助决策者的第一步。然而，它仍然不能满足决策者的某些需要。例如，为达到某一可靠性水平需要多少节点？或者在所选取的延迟和节点数量基础上我们多能处理的最大区域是多大？在[GAY 11]中，我们给出一个用于在满足某种参数条件下，比如，检测范围、选择系统配置参数的程序。特别地，该程序可以给出在满足几种不同实际环境条件下，为达到某一系统要求，所需的最小节点数量、节点位置以及参数。通过这个程序，决策者得到了绿色配置方案：避免了使用过多机器或者系统配置高于实际应用需求。

配置程序如图 9.7 所示，其主要包括以下几个步骤：

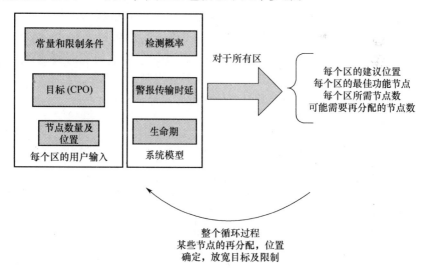

图 9.7　迭代配置过程的原理

1) 定义不同参数的限制范围以及与它们相关的阈值，至少一个作为优化目标的参数、节点部署区域、至少一个已安装节点的区域。以上条件均以数学模型给出。

2) 节点部署区域的定义：

① 区域的特征；

② 区域内节点部署位置的特征。

3）区域内节点数量。

4）每个区域内的优化过程，包括以下阶段：

① 确定区域内某个节点的操作，修改区域内传感器网络的特征（节点位置、参数等）；

② 检测区域内是否存在传感器网络，存在则定义该网络的参数配置；

③ 确定可能需要使用的节点数量或修改阶段 1 定义的性能标准。

5）增加区域内节点数量或修改性能标准的定义，进而逐个区域重复优化过程。

6）区域内每个节点配置策略的实际应用。

根据不同的执行模式，该优化过程包括不同的变量，以满足用户的不同想法，如，确定所需的最小节点数量、最大区域范围、甚至可以在预定的位置放置部分节点。

例如，确定最小节点数量时，如果某一参数始终不能达到要求，优化过程就需要不断地增加或减少节点数。在新增加或减少的节点数量基础上重复执行阶段 4 的①和②。

图 9.8a 和图 9.8 b 显示了迭代配置应用于 3 个不同区域的过程——Z_1，Z_2 和 Z_3。每个区域拥有不同的特点和性能限制。在第一次迭代过程结束后，决策者发现，对于区 Z_1，它需要重新分配 5 个节点；对于区 Z_2 和 Z_3，它需要或者使用更多的节点或者放宽约束条件。通过放宽区 Z_2 的条件限制，为区 Z_3 增加 5 个节点，第二次迭代后，决策者获得了一个满足条件的配置策略。

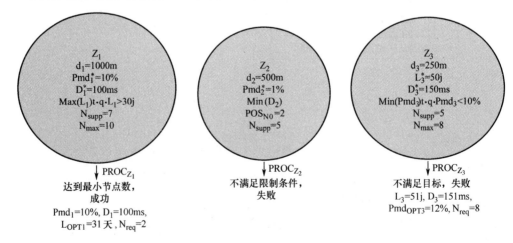

图 9.8a　第一次迭代过程

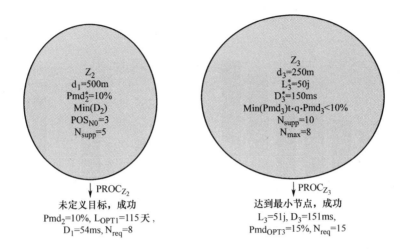

Z_2
$d_1=500m$
$Pmd_2^*=10\%$
$Min(D_2)$
$POS_{N0}=3$
$N_{supp}=5$

$\downarrow PROC_{Z_2}$

未定义目标，成功
$Pmd_2=10\%$, $L_{OPT1}=115$天，
$D_1=54ms$, $N_{req}=8$

Z_3
$d_3=250m$
$L_3^*=50j$
$D_3^*=150ms$
$Min(Pmd_3)t\cdot q\cdot Pmd_3<10\%$
$N_{supp}=10$
$N_{max}=8$

$\downarrow PROC_{Z_3}$

达到最小节点，成功
$L_3=51j$, $D_3=151ms$,
$Pmd_{OPT3}=15\%$, $N_{req}=15$

图9.8b　第二次迭代过程

　　总之，为适当配置一套设备（如位置、数量及参数），辅助部署程序是很重要的。这种程序的使用用于满足某些专业需求。基于不同系统要求标准的数学模型，进而给出优化配置策略，辅助部署程序相较于人的感性认识而言拥有众多优势（比如，最小化系统能源消耗、延长系统生命期、恰好的设备数量等）。同时，这些程序是可扩展的。此外，它们不仅可以用于系统的首次配置，而且可以用于系统运行条件发生变化时的再配置。

9.3.3　低能耗处理器

　　在本节中，我们将讨论绿色网络在低功耗嵌入式系统中的应用。事实上，在组成智慧城市的基础设施中，降低处理器功耗是必要的，尤其是城市运输体系或公共安全组织所应用的视频采集/传输处理器和PMR（专业移动无线电）网络收发电台中。在深入研究两种特定技术之前，我们首先进行一个概述。

1. 背景

　　当今，随着电子技术的快速发展，我们的社会能源消耗速度持续加快。国际能源机构预测，到2030年全球电子设备的能源消耗量相当于当前美国和日本的国内消费总和。智慧城市的概念在这种背景下应运而生。未来我们将会被各种互连设备所包围——尤其是传感器、触发器、视频摄像头、BTS、数据服务器、个人电脑、智能手机等。如图9.9所示，由于处理器的发展，这些设备的能耗需求越来越大。为了应对这种不断变化的新功能和不断增长的计算力需求，处理器架构正飞速发展，其中典型的技术包括：多核，图形处理单元（GPU）以及其他硬件加速器。

　　然而，尽管新的硬件架构几乎能够满足设备的性能要求，但是在能耗方面尚未出现可喜的技术突破。因此，自治的嵌入式系统需要新的变革。

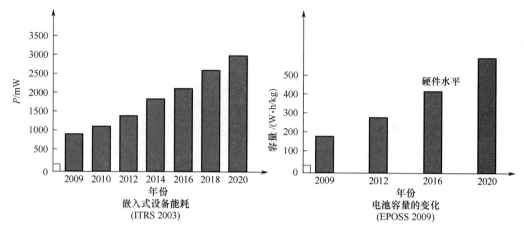

图9.9　设备能耗需求与电池电力的比较

因此，减少依靠城市电力的系统的能源消耗，增加依赖于电池驱动的系统的自治性是当前的主要研究方向。在这种背景下，欧盟提出了绿色计算的标准，美国环境保护总署成立了"能源之星"项目，以鼓励生产能量使用率高的设备。我们面对着从各个层面减少和控制能量消耗的挑战。在接下来的小节中，我们将重点研究降低处理器功耗的技术。

在数字电路中，功耗主要包括两个方面：静态功耗和动态功耗。CMOS技术的进步减小了晶体管大小。一方面，使其可以工作于较低的电压，但另一方面，泄漏电流（静态功耗）也是指数增加。这种静态功耗很难降低。当然，对于动态功耗来说，可以以大多数现代硬件架构提供的低功耗模式运行，分别在处理器及外设层面减少系统运行时的功耗。主要包括两种方法：

——动态电压/频率缩放（Dynamic Voltage/Frequency Scaling，DVFS）。

——动态电源管理（Dynamic Power Management，DPM）或睡眠模式，主要通过是切断芯片某些部分的供电。

这两种技术使我们能够以系统的实时负载自适应地激活或禁用其模块、修改其工作模式等。事实上，造成系统能源使用率低的另外一个重要原因是所谓的"空闲"能耗。这是当设备已运行，但处于"等待"状态时的功耗。因此，我们可以在不同层面使用这些机制：

——在应用层，选择满足需求的最优性能级别——例如调整处理器的工作模式以协调数据的传送/接收、算法的复杂度和用户性能要求；

——在操作系统层面，因为来自综合应用程序和硬件组的信息可以很容易地由中央处理器处理。

在标准操作系统（如Linux，Windows）中，电源管理程序早已存在，但它们不能满足实时系统的要求，因为它们采用的方法是后验式资源调整（即基于过去活动的启发式方法）。因此，如果性能级别大大降低，未来的某个活动可能被漏掉。这成为了学术界的研究热点，已有许多关于系统调度——在不影响性能的前提下，通过DVFS 和 DPM 机制进行资源管理的文章［ITE 11；BEN 00；GOL 95；RUNTIME；2AF 05；LU 00；BAM 10］。

2. 动态电压/频率缩放

动态电压/频率缩放（DVFS）是一种允许我们在运行过程中调整电压/频率比率的技术，从而调整处理器功耗，以和实际运行程序所需功耗相协调。从能量的观点来看，与快速执行完程序，然后让处理器处于空闲状态相比，在很长一段时间内交错运行处理器更有效率（见图 9.10）。

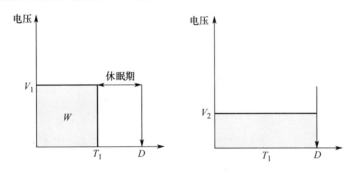

图 9.10　DVFS 的原理

DVFS 的机制可以应用于不同层面：设计阶段、应用程序、操作系统。

设计阶段：在这种场景下，我们确定可以保证应用程序正确执行的最低频率。然后我们将其定为标准频率。通过这种方式，可以降低能耗。

在应用程序层面，应用程序直接请求 DVFS 驱动。文献［BIL 11］展示了一个在 OMAP3530/Linux 系统下根据数据传输/接收速率自适应调整处理器功耗的实例。数据传输速率受限于 ZigBee 的带宽。在这个例子中，传输速率不超过 5.6f/s。因此，没有必要使用处理器的全部能力（500MHz）来支持这个数据传输速率（见图 9.11）。我们观察到：

1）如果数据传输速率小于 2kbit/s，处理器频率不需要超过 125MHz；

2）如果数据传输速率小于 4kbit/s，处理器频率不需要超过 125MHz；

3）如果数据传输速率小于 8kbit/s，处理器频率不需要超过 125MHz。

在操作系统层面，存在一个负责应用程序调度的框架。图 9.12 所示是基于不同操作系统和硬件平台可移植性需求的框架图。该框架基于一组服务，使它能够实时地监测并降低应用程序的能耗。特别地，该框架负责在工作负载、可用资源和应用程序需求这三者之中互相平衡。另外，该框架还决定何时处理器可以进入低功耗模式。"低功耗"调度算法使用 DVFS（或 DPM）机制监测资源何时未被利用（"松弛时间"）。该框架以掌握的信息——任务需求和可用的松弛时间，调整处理器的运

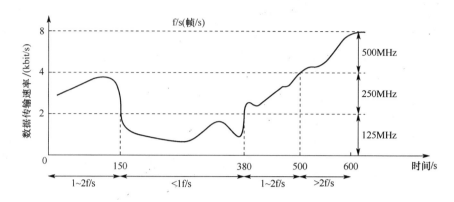

图 9.11　与数据传输速率相关的 DVFS 机制示例

行模式。因此，该框架必须清楚地知道不同模式之间相互切换的时间间隔（通常为100μs）。同时，使用此框架要求为应用程序设置"标记"以保证它和框架之间的通信；最后为了使应用程序不同部分的代码获得最大运行时，需要校准平台。

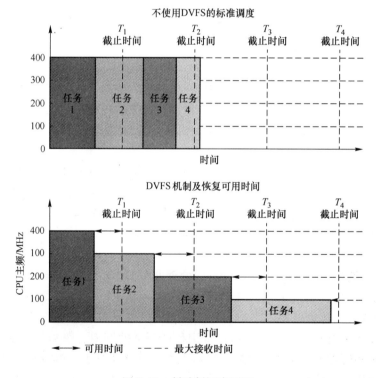

图 9.12　低功耗调度原理

已完成的视频监控编解码应用程序测试表明，依赖于不同程序 QoS 的不同，在功耗方面取得的效益在 20% ~40% 之间波动。QoS 需求越高，处理器处于空闲状态的时间越少，因而功耗增益越小。

更一般地，图 9.13 表示在 OMAP3530 平台下使用 DVFS 机制时，我们所估计出的功耗增益。其中关于所测试的应用程序包括以下信息：空闲时间与活动时间。为此，我们假设能够找到函数的某一点，该点可以将空闲时间限制为 0。这就给出了一个使用 DVFS 机制时可以近似达到的能耗增益。因此我们可以看出，限制来自于函数的有效点，当比率超过 200% 时，能耗的增益不再有很大波动，稳定在 40% 左右。

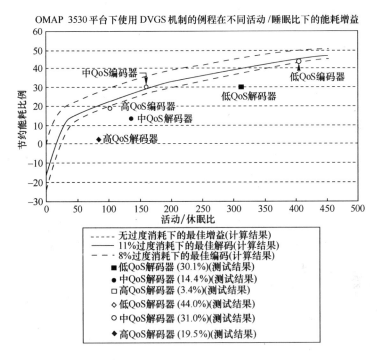

图 9.13 OMAP3530/DVFS 机制下能耗增益估计

为了获得这些能耗增益，我们通过测量的功耗值（或使用来自处理器文档的信息）来构建一个处理器功耗模型。该模型考虑了处理器不同运行条件（电压/频率对），不同运行模式——"0% 负载"（空闲状态）、"100% 负载"等因素的影响。如图 9.14 所示。

3. 睡眠模式或 DPM

动态电源管理（DPM）是与 DVFS 非常类似的一种机制。它们具有不同的睡眠模式，表现为不同的功耗水平和性能。DVFS 机制的策略是通过将处理时间最大化以减少空闲时间；与此不同，DPM 是通过将处理器置于睡眠模式或不活动状态以减少空闲时的功耗。使用 DPM 机制的成本在于活动状态与睡眠状态相互之间切换的消耗。一般而言，时间成本在 ms 级，但功耗可能达到 0.2mW。

选择使用 DPM 还是 DVFS 取决于应用程序的需求。如果该应用程序存在长时

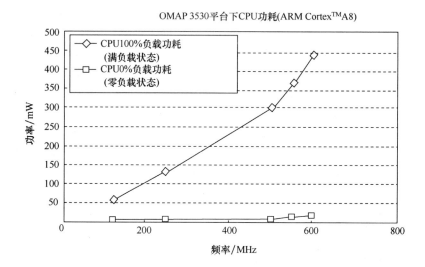

图 9.14 在不同的 DVFS 模式下 ARM Cortex™ A8 处理器功耗特征

间的不活动状态, 那么选择 DPM 比 DVFS 将提供更好的功耗增益。如果希望保持应用程序的反应性, 我们就倾向于选择 DVFS 机制。此外必须指出的是, DMP 导致的另一个问题是——如何唤醒处理器——可以通过计时器或外部事件触发(警报)。

图 9.15 是在 OMAP3530 平台下使用 DPM 机制时, 我们近似估计出的能耗增益, 该增益取决于空闲时间和活动时间之间的比值。可以看到, 该比值大于5.000% 时, DPM 比 DVFS 更有优势, 功耗增益超过 90%。

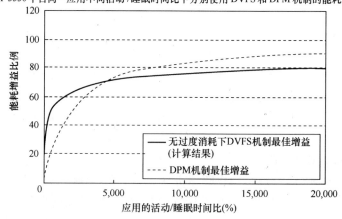

图 9.15 OMAP3530/DPM 机制下能耗增益估计

对于智慧城市的建设, 根据本节的结果以及不同设施应用需求的不同, 选取DVFS 或者 DPM, 可以降低设备处理器的功耗。

9.3.4　异类传感器的系统集成

正如前面的章节中所讨论的技术发展（例如，低功耗协议、小型化硬件等），越来越多的嵌入式服务（如传感器、触发器、摄像头等）将用于未来的城市基础设施建设。鉴于各种软硬件的区别，以及众多的无线通信协议（例如，蓝牙、Wi-Fi、FID、PLC 等），将大量异构设备整合成为一个统一的系统是艰巨的任务。这是绿色网络应用的另一个方面——基于公认的准则设计 IT 架构。

考虑到设备的生命期问题，随着系统运行时间的推移，如何在保证系统稳定性的前提下，保证新技术和新服务能够方便可靠地加入原系统是我们面对的主要问题。

标准化组织如 IETF 和 ETSI 正寻求在协议、接口甚至数据模型层面制定标准。基于这些标准，未来基础设施只需要有限的投资和改进：一方面，我们可以让多种机器和多种无线协议共存于一个系统；另一方面，通过简单的软件更新将新协议添加到系统中。因此，采用合适的标准是绿色网络的一部分，因为这可以降低硬件报废或者软件不兼容引起的损耗。

下面，我们将描述 IETF 在 IP 和 M2M 两方面所做的努力，其中 M2M 可以增强异构设备的互操作性。

1. IP 互操作性/连续性

IETF（Internet Engineering Task Force，因特网工程任务组）是一个致力于建立所谓的"互联网标准"的组织。低功耗/低损耗网络中存在着各种各样的嵌入式设备，对此，IETF 已成立工作小组致力于新的通信协议研究。新的协议要求具有扩展性、安全性及可靠性。其中的一个想法是将 IP 作为参考层，在其之上建立路由、传输或应用协议。IPv6 具有相当优势：充足的地址空间、端到端双向通信、已支持 IPv6 的嵌入式操作系统（例如，Contiki，TinyOS 等）。

图 9.16 显示了一个基于 IPv6 的嵌入式设备的协议栈。现存的 IP 可以基于多种物理层（例如，以太网、Wi-Fi、蜂窝网络、WiMax、CPL、802.15.4 等）。在第三层，RPL 是一个由 IETF 定义的路由协议，命名为 RoLL（Routing over Low-power and Lossy networks）。

6LoWPAN：IETF 工作组在 6LoWPAN 中描述了 IEEE 802.15.4 中 IP 数据包的封装方式。目标是优化 IPv6 数据包在低功耗/低损耗网络中的传输。该小组发表了许多 RFC（请求注释），包括 IPv6 数据包和 UDP 数据包的包头压缩（RFC 6282），目标是将 IPv6 和 UDP 包头分别压缩到 40B 和 8B、IPv6 数据包的分片和重组以及如 6LoWPAN 检测链路层地址重复等其他功能。

尽管这些机制是为 IEEE 802.15.4 制定的标准，它们也可以用于其他链路层协议，只要遵循 IEEE 802.15.4 的寻址方式和 MAC 协议。例如，可以用于 IEEE

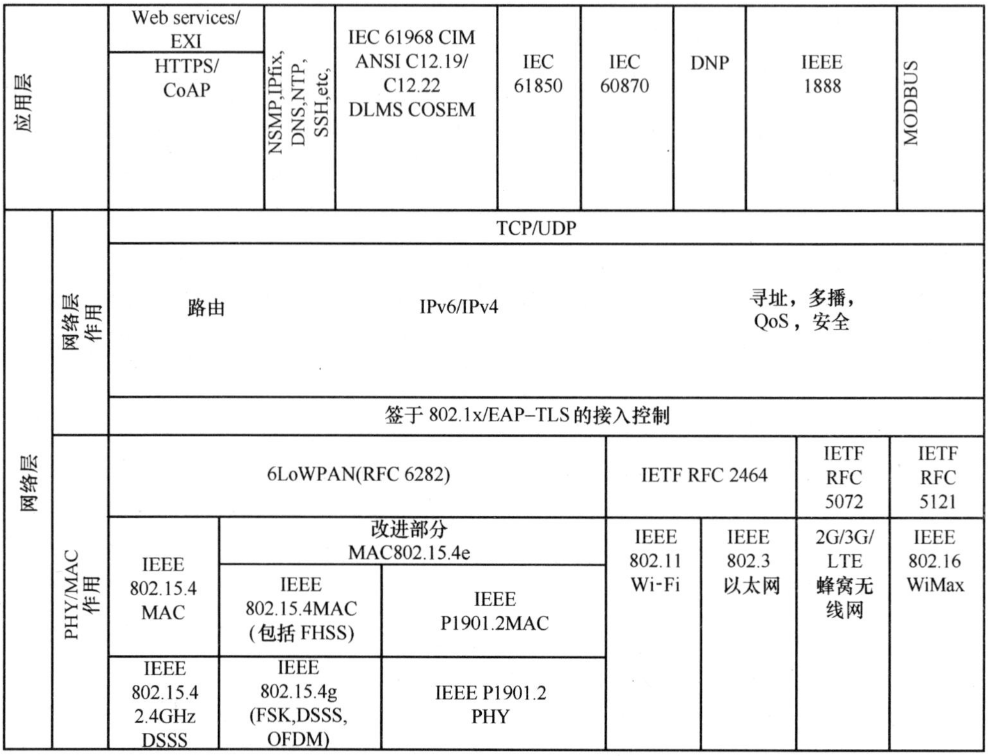

应用层	Web services/EXI　HTTPS/CoAP	NSMP,IPfix,DNS,NTP,SSH,etc.	IEC 61968 CIM ANSI C12.19/C12.22 DLMS COSEM	IEC 61850	IEC 60870	DNP	IEEE 1888	MODBUS
网络层 / 网络层作用	TCP/UDP							
	路由	IPv6/IPv4				寻址，多播，QoS，安全		
	签于 802.1x/EAP-TLS 的接入控制							
网络层 / PHY/MAC作用	6LoWPAN(RFC 6282)			IETF RFC 2464			IETF RFC 5072	IETF RFC 5121
	IEEE 802.15.4 MAC	改进部分 MAC802.15.4e		IEEE 802.11 Wi-Fi	IEEE 802.3 以太网	2G/3G/LTE 蜂窝无线网	IEEE 802.16 WiMax	
		IEEE 802.15.4MAC（包括 FHSS）	IEEE P1901.2MAC					
	IEEE 802.15.4 2.4GHz DSSS	IEEE 802.15.4g (FSK,DSSS,OFDM)	IEEE P1901.2 PHY					

图 9.16　基于 IPv6 的无线传感器网络协议栈

P1901.2 的 CPL 链接层、ULE 标准、甚至蓝牙低功耗标准。

RPL：RPL 是一种灵活的动态路由协议。其设计初衷是在一些较差的环境下，比如较低的连接速度或潜在的高错误率，使用尽可能少的控制成本。RPL 具有多种高级功能：如自适应通信量控制，支持多种拓扑结构，循环检测和时间不稳定性管理（通过全局或局部修复模式）。另一方面，大量其他工作正在进行中——特别是在欧洲的 CALIPSO 项目［CAL］——在一定的占空比下优化 RPL 的性能。

CoAP：IETF 工作组 CoRE 定义了 CoAP 标准——约束应用协议——其目的是在一定限制环境下支持 REST 类应用程序。CoAP 是一个类似于 HTTP 的 Web 协议，其更侧重应用于约束装置。此外，CoAP 支持大规模资源发现机制、组播通信、异步传输等。

总之，IETF 基于 6LoWPAN、RPL 和 CoAP 定义了一组 IP，以使我们能够将受限设备整合到 IT 系统中，同时保证该设备与因特网应用和设备的互操作性。

2. 物联网和 M2M

物联网（The Internet of Things,IoT）是一个新的概念，指的是将众多的通信主体或事物(如传感器、触发器、RFID等)通过互联网连接起来而构成新的网络。作为电信行业专业术语，机器对机器(M2M)指的是在无需人工干预的情况下，不同机器设备(嵌入式设备、数据库、应用服务器、智能手机)相互之间进行的通信。除了语义不同，物联网和M2M都是设想在IT系统的架构之上将众多设备互联/互操作。

通过为设备的表示、数据以及接口建立标准，物联网或M2M的巨大效用是，系统工程师可以轻易地集成新的设备，第三方可以方便地开发应用程序和提供解决方案，而无需考虑具体软硬件的差异性。由于这些机器设备的不断发展，无论从金融还是实用角度来看，这种趋势是不可避免的。针对绿色网络而言，主要问题就是为物联网和M2M建立标准规范，以保证物联网和M2M类型的基础设施在未来的几十年之内快速发展，从而避免硬件更新的高昂代价。

关于M2M的标准化工作，不得不提的是欧洲电信标准协会(ETSI)下致力于该研究的一个工作小组。在2011年末，ETSI发布了ETSI M2M架构的第一个版本(版本1.0)。基于REST架构标准，ETSI M2M结构定义了不同设备之间的接口、网关及核心网。此外，ETSI M2M还为出版物定义了一个表示不同实体(设备、网关、应用程序)、数据的符号模型。ETSI M2M架构基于HTTP和CoAP协议。

考虑到未来基础设施的高科技性，不同标准化组织之间互相合作是非常重要的。因此，ETSI M2M试图与3GPP、ZigBee联盟、宽带论坛(BBF)及开放移动联盟(OMA)这些不同标准之间搭建桥梁，以确保移动电话，ADSL路由器或某个ZigBee节点在相同的M2M框架下使用统一的模型。

3. 建筑能源使用率的应用

在欧洲，超过40%的能源消耗在住宅和第三产业上。这种情况正在加剧——这将不可避免地导致能耗比例的增加，以及与之有关的排放加剧。在法国，"热调节2012"项目旨在降低新建筑物的能耗：所有新建筑必须达到平均主要能源消耗低于$50kW \cdot h/m^2/$年(现存老建筑的平均消耗是$200 \sim 250kW \cdot h/m^2/$年)。该项目为新能源的开发和能源消耗主体能耗的测定给出了特定技术。

然而许多问题仍然有待解决：虽然法律做出了规定，但还没有建筑公司或保险公司能在建筑的长期能耗效率上做出保证。这主要是因为，没有多少建筑低能耗管理方面(设计、维护、使用)的专业人才，也没有能随着时间的推移，密切监督建筑能耗的技术解决方案。理想的系统是每日通知用户相关信息，帮助管理者降低能耗，探测可能出现的异常情况。另外，其不仅仅通过传感器收集内部信息，同时需要检测外部环境(如天气)。

建筑物里的主要能耗包括供暖、空调、照明、物理和电子设备、电梯等。然而，这些设备很少具有通信功能；由于通信标准的不同，具有通信功能的设备也只能和同类型设备通信。

就像以太网和 TCP/IP 标准成为了桌面系统的标准一样，6LoWPAN（IEEE 802.15.4 或 CPL）、RPL 及 CoAP 标准的采用将可以大大简化建筑物能耗管理通信网络的建设。然而，关于哪种技术更合适，出于"民主"的角度考虑，需要从实际真正降低系统成本的多少决定，就像 Android 真正促进了智能手机价格的下降。

OSAmI［OSA］项目旨在为环境智能提供模块化的开源解决方案，值得注意的是，它的一个子项目就是建筑能源管理。其提议的架构是：

——由低能耗微控制器控制的传感器（温度、湿度、光、强度等）和触发器（电源插座断电）。许多不同的低能耗通信模式可供选择：IEEE 802.15.4、CPL（Watteco）；或 RS-485 工业连接。

——互联网关：通常位于每个楼层，这个网关提供了一个 Web 接口，由基础设施管理维修人员配置。

——后台服务器：包括一个面向建筑管理者的管理入口，用于存储监测信息的数据库等。

OSAmI 与法国的 INEED 有合作关系，其法国总部是一座高"环境质量"建筑，是绿色建筑的典型代表。

在这种合作背景下，OSAmI 设计了一个基于传感器的基础设施，以满足能源监管的需求。之后该解决方案应用到了试点部署的实验房屋，用于绿色建筑技术的测试。在这些测试中，OSAmI 的解决方案第一次实验证明了绿色建筑技术的实用性。

通信技术的快速发展——通信标准以及开源软件平台——将会改变我们设计和管理建筑能源消耗的方式。另外，决策者必须了解这些设备的能源使用率，以达到真正降低能源消耗的目的。

9.4 小结

在这一章，我们讨论了智慧城市基础设施建设中绿色网络技术的应用。我们已经介绍了一系列技术，这些技术可以优化嵌入式传感器系统的使用，比如，减少设备数量或降低设备消耗。

之后，我们讨论了技术标准在保证技术持久性方面的重要性，并给出了一个使用这些技术来管理建筑能耗的例子。

绿色网络的研究是目前网络研究以及重大社会问题研究的热点。为了得到更节能的协议，还有许多工作需要做。由 OSAmI 或 SmartStander 进行的实验有助于让我们真正理解这些结果在现实环境中的应用价值。

9.5 参考文献

[BAM 10] BAMBAGINI M., Power management in real-time embedded system, Masters Thesis, University of Pisa, 2010.

[BEN 00] BENINI L., BOGLIOLO A., DE MICHELI G., "A survey of design techniques for system-level dynamic power management", *IEEE Transaction on Very Large Scale Integration (VLSI) Systems*, vol. 8, no. 3, June 2000.

[BIL 11] BILAVARN S., RODRIGUEZ L., CASTAGNETTI A., "A video monitoring application for wireless sensor networks using IEEE 802.15.4", *Proc. 2nd Workshop on Ultra-Low Power Sensor Networks, WUPS 2011*, Como, Italy, 23 February 2011.

[GAY 11] GAY V., LEGUAY J., FERRARI G., MEDAGLIANI P., Procédé et dispositif de configuration d'un réseau de capteurs sans fils déposés, patent ref. 10006_BFF10P058, patent filed in April 2010 at INPI, extended in 2011 to the United States and Israel.

[GOL 95] GOLDING R., BOSH P., WILKES J., "Idleness is not sloth", *Proc. USENIX Winter Conf.*, New Orleans, 1995.

[ITE 11] ITEA2 Geodes Power saving handbook, http://geodes.ict.tuwien.ac.at/PowerSavingHandbook, 2011.

[KOP 11] KOPMEINERS R., KING P., FRY J., LILLEYMAN J., LANCASHIRE S., MING F., GROSSETETE P., VASSEUR J.P., GILLMORE M.K, DÉJEAN N., MOHLER D., STUEBING G., HAEMELINCK S., TOURANCHEAU B., POPA D., JETCHEVA J., SHAVER D., CHAUVENE C., "A standardized and flexible IPv6 architecture for field area networks, smart grid last mile infrastructure", http://www.cisco.com/web/strategy/docs/energy/ip_arch_sg_wp.pdf, December 2011.

[LU 00] LU Y.H., BENINI L., DE MICHELI G., "Operating system directed power reduction", *Proc. Int. Symp. Low Power Electronics Design*, Rapallo, Italy, July 2000.

[LU 04] LU G., KRISHNAMACHARI B., RAGHAVENDRA C.S., "An adaptive energy-efficient and low-latency mac for data gathering in wireless sensor networks", *Proc. Parallel and Distributed Processing Symposium*, Santa Fe, New Mexico, United States, 2004.

[MED] MEDAGLIANI P., FERRARI G., GAY V., LEGUAY J., "Cross-layer design and analysis of WSN-based mobile target detection systems", *Elsevier Ad Hoc Networks*, Special Issue on Cross-Layer Design in Ad Hoc and Sensor Networks, forthcoming.

[SUL 97] SULEIMAN D.R., IBRAHIM M.A., HAMARASH I.L., "Dynamic voltage frequency scaling for microprocessors power and energy reduction", *Electrical and Electronics Engineering (ELECO) conference*, Bursa, Turkey, 2005.

[ZAF 05] ZAFALON R., BACCHETTA P., "RT-OS run time power management for mobile terminals", *Embedded Systems Conference*, San Francisco, United States, March 2005.

网址

[AVR] http://citavroraz.sourceforge.net.

[CAL] http:// www.ict-calipso.eu.

[M2M] http://www.etsi.org/website/technologies/m2m.aspx.

[MAC] The MAC Alphabet Soup served in Wireless Sensor Networks http://www.st.ewi.tudelft.nl/~koen/MACsoup.

[MIC] MicaZ, http://www.openautomation.net/uploadsproductos/micaz_datasheet.pdf.

[OPE] http://en.wikipedia.org/wiki/Open_data.

[OPE b] http://www.openmote.com.

[OSA] http://www.itea-osami.org.

[ROL] https://datatracker.ietf.org/wg/roll/charter.

[RUN] Runtime Power Management, Linux Weekly News, http://lwn.net/Articles/347573.

[SMA] http://www.smartsantander.eu.

[TEL] TelosB, http://www.willow.co.uk/TelosB_Datasheet.pdf.

[TIN] http://www.tinyos.net.